AÉRAGE DES MINES;

PAR M. CH. COMBES,
Ingénieur en chef des mines.

SUPPLÉMENT.

A PARIS,
CHEZ CARILIAN-GOEURY ET V^{OR} DALMONT,
LIBRAIRES DES CORPS ROYAUX DES PONTS ET CHAUSSÉES ET DES MINES,
Quai des Augustins, 39 et 41.

1841.

AÉRAGE

DES MINES.

PARIS. — IMPRIMERIE DE FAIN ET THUNOT,
IMPRIMEURS DE L'UNIVERSITÉ ROYALE DE FRANCE,
Rue Racine, n° 28, près de l'Odéon.

AÉRAGE

DES MINES,

PAR **M. CH. COMBES**,

INGÉNIEUR EN CHEF DES MINES.

Extrait du Tome XVIII des Annales des Mines.

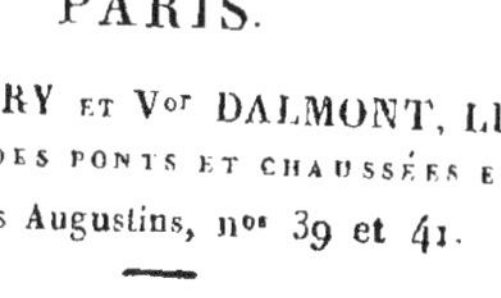

PARIS.

CARILIAN-GOEURY ET V^{OR} DALMONT, LIBRAIRES

DES CORPS ROYAUX DES PONTS ET CHAUSSÉES ET DES MINES,

Quai des Augustins, n°s 39 et 41.

1841.

SUPPLÉMENT

AU TRAITÉ DE L'AÉRAGE DES MINES (1),

Contenant l'exposé des faits nouveaux consignés dans les Mémoires relatifs au même sujet, publiés par les soins de l'Académie royale des sciences et belles-lettres de Bruxelles, la réponse à quelques objections faites au Traité de l'aérage, la théorie complète des ventilateurs à force centrifuge, et de la vis employée comme machine soufflante ou aspirante, appelée vis pneumatique, et les résultats des nouvelles expériences sur les lampes de sûreté, faites par la commission instituée à Liége par le ministre des travaux publics de Belgique.

Par M. Ch. COMBES, Ingénieur en chef des mines.

L'Académie des sciences et belles-lettres de Bruxelles avait, dans son programme pour le concours de 1840, proposé la question suivante : *Rechercher et discuter les moyens de soustraire les travaux d'exploitation des mines de houille aux chances d'explosion.* Par arrêté du 22 juin 1839, S. M. le roi des Belges, sur le rapport du ministre des travaux publics, ajouta une somme de 2,000 fr. au prix fondé par l'Académie.

Quatorze mémoires ont été adressés à l'Académie, en réponse à la question qu'elle avait proposée. Ils ont été examinés par une commission composée de MM. d'Omalius d'Halloy, Dumont,

(1) *Annales des mines*, tom. XV.

Dehemptinne et Cauchy. L'Académie, conformément aux conclusions du rapporteur, M. Cauchy, a décidé qu'elle n'accorderait pas le prix, par le motif que les Mémoires et le Traité de l'aérage des mines, que j'ai publiés dans les tomes XIII et XV des *Annales des Mines*, avaient comblé en grande partie la lacune qui existait, à l'époque où l'Académie avait mis au concours la question proposée, dans les traités spéciaux d'exploitation; mais que trois médailles d'or, de la valeur de 800 fr. chacune, seraient offertes aux auteurs des mémoires inscrits sous les n°s 11, 13 et 7, et deux médailles d'argent aux auteurs des mémoires inscrits sous les n°s 3 et 10. Elle a, en outre, voté l'impression de ces cinq mémoires et du rapport de la commission instituée à Liége, pour l'essai des lampes de mines. Les mémoires récompensés par une médaille d'or sont dus à MM. Boisse, ancien élève externe de l'École des mines, directeur des mines de houille de Carmaux (Tarn), J. Gonot, ingénieur en chef des mines de la province du Hainaut, et Gustave Bischoff, professeur de chimie et de technologie à l'université de Bonn. Les deux mémoires récompensés par des médailles d'argent sont dus à MM. Lemielle de Namur, et Motte de Marchiennes-au-Pont.

Le désir de justifier l'opinion honorable émise par les commissaires de l'Académie de Bruxelles sur mes travaux relatifs à l'aérage des mines, et de répandre, autant qu'il est en moi, parmi les personnes qui s'occupent d'exploitation, des connaissances exactes et complètes sur les moyens de prévenir les événements désastreux qui se renouvellent trop souvent dans nos mines de houille, me déterminent à publier cette addition à mon

Traité de l'aérage. Je ferai connaître succinctement les faits nouveaux contenus dans les mémoires récompensés par l'Académie de Bruxelles, ainsi que les moyens qui ont été proposés ; je discuterai les uns et les autres. Je profiterai de cette occasion pour compléter, ou rectifier quelques passages de mon mémoire sur l'aérage. Si je défends quelquefois mes opinions contre les critiques dont elles ont été l'objet, ce ne sera point par un vain amour-propre d'auteur, mais parce qu'il me paraîtra convenable de le faire, dans un but d'utilité.

§ 1. *Sur la composition des gaz inflammables qui se développent dans les mines.*

M. Gustave Bischoff, professeur à l'université de Bonn, a examiné la composition chimique des gaz inflammables provenant de diverses mines de houille. Les résultats de ses analyses l'ont conduit à cette conclusion, que les gaz inflammables des houillères n'ont point une composition identique, et ne sont pas simplement du gaz des marais, hydrogène protocarboné, mélangé d'un peu d'air atmosphérique et de gaz acide carbonique, mais qu'il y a plusieurs variétés de gaz inflammables, ou *grisoux* ; que ces gaz sont généralement des mélanges, en diverses proportions, de gaz des marais et de gaz oléfiant, avec un peu d'azote et de gaz acide carbonique. M. Bischoff publie les analyses de trois gaz. Le premier (A) a été recueilli dans la galerie de la mine de Gerhard (terrain houiller de Saarbrück). Il provient d'un *soufflard*, qui arrive au jour par une fissure du rocher, dans une galerie à travers bancs. Le gaz sort de la fissure, sous une pression peu différente de celle de l'atmosphère, de sorte qu'il ne put être recueilli par le moyen ordinaire, sur la cuve pneumatique. Il fut aspiré dans un vase préalablement rempli d'eau, garni vers le bas d'un robinet, et, sur son sommet, d'un autre robinet, auquel s'adaptait un tuyau de plomb, dont l'autre extrémité était lutée dans la fissure. En ouvrant le robinet inférieur, l'eau s'écoulait, et le gaz aspiré par le tuyau supérieur venait remplir l'espace abandonné par l'eau.

Le deuxième gaz (B) provenait de la mine de Wellesweiler (terrain houiller de Saarbrück). Il se dégageait d'une fissure, sous une pression capable de surmonter une colonne d'eau de 3 pouces de hauteur. Il fut recueilli sur la cuve pneumatique.

Le troisième gaz (C) sortait d'un puits foré dans une mine de la principauté de Schaumbourg, dans un terrain de lias, renfermant une couche de houille de 21 pouces. Il sortait sous une pression supérieure à la pression atmosphérique. Il a été recueilli en se servant du tuyau de pompe placé dans ce trou, comme d'une cuve pneumatique.

Gaz (A).

1° M. Bischoff a recherché si ce gaz contenait de l'oxygène, et n'a pas trouvé qu'il en renfermât une quantité déterminable;

2° Il troublait l'eau de chaux, et la quantité de gaz acide carbonique s'élevait à 0,039 du volume. La quantité primitive devait être plus considérable, puisque le gaz avait été recueilli sur l'eau, et mis en contact multiplié avec elle;

3° Le chlore, ajouté au gaz dans un flacon

d'hyalite opaque, donnait une absorption si faible, que, d'après cette expérience, l'existence du gaz oléfiant reste un peu douteuse. S'il y existe, son volume ne s'élève pas au delà de 0,0025 du volume total;

4° M. Bischoff s'est assuré qu'il ne renferme ni oxyde de carbone, ni vapeurs inflammables, susceptibles d'être absorbées par l'acide sulfurique;

5° Sa pesanteur spécifique est à peu près de 0,6513, celle de l'air étant prise pour unité;

6° D'après trois analyses exactes, à l'aide de l'eudiomètre, un volume de gaz, purgé d'acide carbonique, mêlé à trois volumes d'oxygène, donnait, par la détonation, une absorption de 1,7012 en volume, et il se formait 0,8704 volume d'acide carbonique; d'où résulte la composition suivante :

Gaz des marais, hydrogène protocarboné.	0,8308
Gaz oléfiant, hydrogène bicarboné. . . .	0,0198
Gaz étranger.	0,1494

D'après les recherches les plus soigneuses, dit M. Bischoff, ce gaz étranger était de l'azote. L'analyse du gaz, au moyen de l'oxyde de cuivre, a donné à peu près les mêmes résultats.

Gaz (B).

Ce gaz ne contient pas d'oxygène, ni oxyde de carbone, ni vapeurs inflammables, absorbables par l'acide sulfurique.

Il troublait l'eau de chaux, et renfermait de 0,041 à 0,043 en volume d'acide carbonique.

Le chlore, ajouté au gaz, dans un flacon d'hyalite opaque, absorbait 0,038, selon la moyenne de plusieurs expériences.

La pesanteur spécifique était de 0,5742, celle de l'air étant 1.

D'après trois analyses, à l'aide de l'eudiomètre, qui s'accordaient de très-près, M. Bischoff a trouvé qu'un volume de gaz mêlé avec trois volumes d'oxygène donnait, par la détonation, une absorption de 1,9535, et qu'il se formait 1,0399 volume d'acide carbonique; d'où résulte la composition suivante :

Hydrogène protocarboné.	0,9136
Hydrogène bicarboné. . .	0,0632
Gaz étranger.	0,0232

La quantité du gaz étranger étant très-petite, on ne put pas en déterminer la nature avec une certitude satisfaisante; M. Bischoff ne doute pas que ce ne soit de l'azote. L'analyse, au moyen de l'oxyde de cuivre, a donné les mêmes résultats.

Gaz (C).

Ce gaz ne contenait pas plus que les autres d'oxyde de carbone, ni de vapeurs inflammables. Il troublait l'eau de chaux.

Le chlore, ajouté dans un flacon d'hyalite opaque, absorbait 0,0656 en volume.

D'après quatre analyses eudiométriques, qui s'accordaient de très-près, on a trouvé qu'un volume de gaz, mêlé à trois volumes d'oxygène, donnait, par la détonation, une absorption de 1,9041, et qu'il se formait 1,1131 volume d'acide carbonique; d'où il suit que ce gaz renferme :

Hydrogène protocarboné.	0,7916
Hydrogène bicarboné. . .	0,1611
Gaz étranger.	0,0479

M. Bischoff regarde comme très-probable que

ce gaz est de l'azote; mais il ne s'en est point encore assuré.

Tous les chimistes qui ont analysé les gaz inflammables qui se dégagent dans les mines de houille, Davy, M. Thompson, M. Henry, et, plus récemment, M. Turner, ont trouvé qu'ils étaient uniquement formés de gaz des marais, mêlé accidentellement avec un peu d'acide carbonique et d'air atmosphérique. M. Bischoff est le premier, à ma connaissance, dont les analyses indiquent cette diversité de nature dans les gaz inflammables de diverses localités. Il est aussi, je crois, le premier qui ait analysé un gaz inflammable, provenant d'un autre terrain que le terrain houiller proprement dit; et il est bien remarquable que ce soit précisément ce dernier gaz, provenant de la formation de lias, avec couches de houille, qui lui ait donné une proportion assez considérable de gaz oléfiant, 16 p. 100 en volume. Il serait peut-être permis de croire que le gaz oléfiant, indiqué dans les gaz recueillis dans les mines de Gerhard et de Wellesweiler, est le résultat d'une erreur d'analyse; c'est ce que je laisse à apprécier aux chimistes qui se sont occupés d'analyses de gaz. M. Bischoff fait lui-même l'observation, que le volume absorbé par le chlore indique une quantité de gaz oléfiant moindre que celle qui résulte des calculs de la composition, par suite de l'analyse à l'eudiomètre, calculs fondés sur cette base, que l'hydrogène protocarboné exige pour sa combustion deux volumes d'oxygène, et produit un volume d'acide carbonique. Mais il ne paraît pas admissible, d'après les recherches analytiques de M. Bischoff, et aussi d'après ses autres expériences qui seront rapportées plus loin, que le gaz (C), provenant de la principauté de Schaumbourg, soit semblable aux gaz (A) et (B), et à tous les autres gaz venant du terrain houiller proprement dit, analysés par les chimistes anglais. C'est surtout sous le rapport de cette différence entre des gaz provenant de terrains différents, et de l'uniformité à peu près complète de tous ceux qui se dégagent des terrains houillers proprement dits, que les expériences de M. Bischoff nous paraissent nouvelles et importantes. (Voir dans les Annales des mines, les analyses de gaz inflammables recueillis dans divers terrains houillers de l'Angleterre, par M. Turner.)

D'après les essais de M. Bischoff, le gaz (B), mêlé à 16 ou 17 parties d'air atmosphérique, ne détone pas, quand on fait passer à travers le mélange deux fortes étincelles de la bouteille de Leyde. Le gaz (C), mêlé dans la même proportion, et dans les mêmes circonstances extérieures, à de l'air atmosphérique, donne encore lieu à une détonation, mais très-faible.

Les gaz (B) et (C) détonent tous deux très-fortement, quand ils sont mêlés avec 7 parties d'air atmosphérique en volume.

Ils ne détonent plus, ni l'un ni l'autre, quand le mélange ne renferme que 6 parties d'air en volume.

M. Bischof a soumis à un grand nombre d'expériences des lampes de sûreté de différents diamètres, et munies de gazes métalliques plus ou moins serrées, dans les trois gaz (A, B et C) : les expériences sur le gaz (A) ont été faites dans une cavité creusée à cet effet, dans la partie supérieure de la galerie où se dégageait le gaz. Cette excavation, haute de 14 pieds, longue de 5 et large de 3 et 1/2, avait par conséquent une capacité de 245 pieds cubes. On fit six espèces de tissus en fil de laiton, et de chaque espèce on forma cinq cylindres de diamètres différents, de manière qu'on eut 30 cylindres dont les diamètres et le nombre des orifices au pouce carré sont indiqués dans le tableau suivant.

NOMBRE des orifices au pouce carré.	DIAMÈTRES EXPRIMÉS EN LIGNES.				
	18,5	21,5	26	28	37
380	N° 1	N° 2	N° 3	N° 4	N° 5
308	6	7	8	9	10
184	11	12	13	14	15
162	16	17	18	19	20
104 ½	21	22	23	24	25
58	26	27	28	29	30

Lampes de 380 *ouvertures au pouce carré.*

1. La lampe n° 1 fut tirée dans l'espace rempli de grisou. Le tissu fut tout de suite chauffé au rouge. La lampe s'éteignait dès qu'elle était tirée plus haut. Elle était suspendue dans l'espace pendant dix minutes.

2. Il en fut de même de la lampe n° 2.

3. La lampe n° 3 fut chauffée au rouge, lorsqu'on lui donna un mouvement de rotation assez rapide. Après qu'elle eut été suspendue dans cet état, pendant dix minutes, la ficelle à

laquelle elle était attachée brûla, la lampe tomba, mais sans donner lieu à une explosion.

4. La lampe n° 4 fut chauffée tout de suite au rouge, quand on la faisait tourner rapidement. Après cinq minutes, elle s'éteignit avec une espèce de bourdonnement. Le réservoir d'huile et le cylindre étaient si chauds, qu'on pouvait à peine les toucher.

5. La lampe n° 5 fut à l'instant chauffée au rouge, en lui donnant un mouvement de rotation rapide. On la laissa dans cet état pendant huit minutes; après ce temps, il y eut une explosion. En examinant le tissu de plus près, on trouva qu'il avait été brûlé, parce qu'il était resté trop longtemps à l'état d'incandescence.

Les 5 lampes ayant 308 ouvertures au pouce carré furent soumises à des essais semblables : on les tint pendant un intervalle de temps de 5 1/2 à 8 1/2 minutes, suspendues dans ce mélange explosif, en les agitant de temps en temps. Quand on retirait les lampes, l'huile bouillait dans le réservoir. Il n'y eut point d'explosion dans aucun cas.

Les lampes n°s 11, 12, 13 et 14, ayant des enveloppes de 184 ouvertures au pouce carré, furent soumises aux mêmes épreuves.

La lampe n° 11 fut aussitôt chauffée au rouge. Au bout de six minutes, on lui imprima un mouvement très-rapide pendant une minute. Il n'y eut pas d'explosion.

La lampe n° 12 devint tout de suite rouge; elle s'éteignit au bout de deux minutes.

La lampe n° 13 devint aussi rouge à l'instant; elle resta suspendue pendant sept minutes et demie.

La flamme, devenue très-intense, jetait des

étincelles. Elle s'éteignit sans explosion quand on donna à la lampe un mouvement rapide.

La lampe n° 14, garnie d'une gaze de 184 ouvertures au pouce carré et de 28 lignes de diamètre, communiqua tout de suite l'incendie au dehors. Les autres lampes ne furent pas expérimentées.

(Ces essais ont été faits non par M. Bischof lui-même, mais par M. Müller, maître mineur en chef à Louisenthal.)

On essaya aussi les lampes dans le gaz (B) de la mine de Wellesweiler ; mais les essais ne furent ni aussi nombreux, ni aussi décisifs. M. Bischof croit avoir reconnu que le gaz (B) donne lieu à des mélanges plus fortement explosifs que le gaz (A), ce qui confirmerait le résultat de l'analyse chimique. Mais les essais n'ont pas été faits avec assez de soin pour qu'il soit permis de regarder le résultat comme certain.

Enfin, M. Bischof a essayé les lampes de sûreté dans le gaz inflammable sortant du puits artésien de la principauté de Schaumbourg, lequel contient, d'après son analyse, 16 p. 0/0 de gaz oléfiant. Il plaçait tout simplement la lampe à essayer, allumée, dans l'orifice du tuyau de pompe. Il a trouvé que toutes les lampes qui étaient parfaitement sûres dans les gaz (A) et (B), ne l'étaient plus ici, et communiquaient l'incendie au dehors. Il essaya alors les lampes dont on se servait dans le territoire de Schaumbourg, et dont les enveloppes avaient 620 ouvertures au pouce carré. *Dans aucune circonstance, il ne fut possible de faire communiquer à ces cylindres l'incendie au dehors*. Ainsi donc le gaz (C) était bien plus dangereux que les gaz (A) et (B), et les résultats de l'analyse chimique se trouvent confirmés.

Des faits exposés ci-dessus, il résulte évidemment que le gaz qui se dégage dans le terrain de lias avec couches de houille de la principauté de Schaumbourg, est différent de ceux qui ont été recueillis dans le terrain houiller de Saarbrücken, et présente beaucoup plus de danger, ce qui tient principalement à la quantité assez considérable de gaz oléfiant qu'il renferme. D'un autre côté, les analyses de gaz recueillis dans divers terrains houillers proprement dits, par les chimistes anglais Davy, Thompson, Henry, Dunn et Turner, s'accordent toutes pour indiquer que ces gaz ne sont que le gaz des marais, mêlé d'un peu d'air atmosphérique, d'azote et d'acide carbonique, sans mélange sensible de gaz oléfiant. M. Bischof lui-même n'a trouvé que d'assez faibles quantités de ce dernier gaz dans les excavations du terrain houiller de Saarbrücken. Il paraît donc que les gaz inflammables, provenant des terrains houillers proprement dits, seraient partout à peu près de même nature, tandis que la seule analyse que nous possédions d'un gaz provenant d'un autre terrain indiquerait une composition chimique différente et un degré d'inflammabilité plus prononcé. Les résultats obtenus par M. Bischof engageront sans doute les chimistes à entreprendre de nouvelles analyses de gaz provenant de formations diverses. Il serait intéressant de savoir si la composition chimique de ces émanations varie généralement avec les terrains d'où elles proviennent.

§ II. *Sur la propriété de diffusion des gaz.*

M. Gonot, ingénieur en chef à Mons, frappé de ce que le gaz acide carbonique est toujours fortement concentré dans les parties basses, tandis que le gaz inflammable se concentre dans les cloches et les parties élevées des excavations, en tire la conséquence « que les gaz que l'on rencontre fréquemment dans les houillères, ne » jouissent pas ou ne jouissent qu'à un très-faible » degré de la propriété de diffusion, et que l'on » s'exposerait à de graves accidents, si l'on ne » tenait aucun compte de la tendance que montrent les gaz à se séparer les uns des autres, » suivant l'ordre de leurs densités, aussitôt que » cette tendance est favorisée par une disposition » mal entendue des tailles et des travaux. » (P. 161 du recueil....) Précédemment, M. Gonot a rappelé un long passage du mémoire de James Ryan, imprimé en 1823 dans les *Annales des mines*, où l'on trouve les expressions suivantes : « Maintenant, lorsque nous considérons que le gaz » hydrogène est beaucoup plus léger que l'air » commun, et qu'il flotte dessus comme de l'huile » sur de l'eau, il est évident qu'il doit s'accumuler » dans les parties les plus élevées de chaque sinuosité de sa course, précisément de la même » manière que de l'air qui, s'étant logé dans la » partie supérieure d'un tuyau de conduite recourbé, rétrécit le passage et finit par arrêter » tout à fait le courant, à moins qu'il ne soit » poussé par une grande force d'impulsion. »

Il est évident que l'on s'exposerait à de graves accidents, si l'on ne tenait pas compte de la tendance des gaz à se disposer d'abord suivant l'ordre de densités. En cela, je suis complétement d'accord avec M. Gonot, et j'ai énoncé les mêmes principes, dans mon mémoire sur l'aérage (p. 177). Mais j'ai insisté aussi sur la propriété de diffusion des gaz, dont les conséquences sont également d'une très-grande importance dans la conduite des travaux des mines. Pour fixer tout à fait l'opinion à ce sujet et corriger ce que les assertions de M. Gonot ont d'erroné, ou du moins de trop absolu, je citerai un passage du Traité de chimie de M. Berzélius, et le mémoire de T. Graham sur la propriété diffusive des gaz.

« Lorsqu'on dégage une certaine quantité, par » exemple de gaz hydrogène, dans l'air atmosphé- » rique, ce gaz commence bien par s'élever; mais » en s'élevant il se mêle peu à peu avec l'air, dans le- » quel il finit par être uniformément répandu. La » même chose arrive au gaz acide carbonique et » au gaz oxygène, qui tombent d'abord dans les ré- » gions basses, mais qui se répandent ensuite de » tous les côtés. Une bouteille ouverte qu'on rem- » plit de gaz oxygène, et qu'on laisse tranquille, » devrait rester pleine de ce gaz, qui est plus pe- » sant que l'air; cependant au bout de deux » heures elle n'en contient pas davantage qu'il » n'y en a dans l'air de la chambre. De même » une bouteille renversée devrait conserver le gaz » hydrogène qu'on y introduit : mais quelques » heures après, ce gaz a totalement disparu. Les » gaz se mêlent ensemble de la même manière » que le font les liquides, et le mélange est par- » faitement proportionnel sur tous les points, sans » que la pesanteur puisse le détruire, dans l'état » de repos absolu. Ainsi, quelque temps qu'on » laisse en repos un mélange d'alcool et d'eau, » ces deux corps ne se séparent jamais l'un de » l'autre. » (Berzélius, Traité de chimie, 1er vol., p. 390 de la traduction française.)

Des expériences de T. Graham sur la diffusion

des gaz, il résulte que la propriété diffusive est d'autant plus marquée que les gaz sont moins denses; ayant renfermé des gaz purs dans un tube de 9 pouces de long et 0,9 de pouce de diamètre, fermé par un bouchon auquel était adapté un tube recourbé de 0,07 pouce de diamètre environ, et ce tube ayant été placé horizontalement dans une boîte pleine d'air, l'ouverture du petit tube étant tournée en haut quand le gaz était plus lourd, et en bas quand il était plus léger que l'air, T. Graham a trouvé qu'après quatre heures, il était sorti du tube

$\frac{124}{152}$ de gaz hydrogène;
$\frac{66}{152}$ de gaz des marais;
$\frac{63}{152}$ de gaz ammoniaque;
$\frac{53}{152}$ de gaz oléfiant;
$\frac{48}{152}$ de gaz acide carbonique;
$\frac{42}{152}$ de gaz acide sulfureux;
$\frac{36}{152}$ de chlore.

(*Quarterly J. of science* 1829, extrait dans les *Annales des mines*, t. 1, 3e série, p. 39.)

Ainsi il n'est pas exact de dire, comme le fait M. Gonot, que les gaz montrent *une tendance à se séparer les uns des autres par ordre de densités*. Lorsque les gaz sont mélangés une fois, ils n'ont aucune tendance à se séparer. Il n'est pas vrai non plus que l'hydrogène flotte sur l'air, comme de l'huile sur de l'eau, et que ce gaz, accumulé au sommet des sinuosités des galeries parcourues par le courant d'air, agisse comme l'air qui se loge dans la partie supérieure d'un tuyau de conduite. Aucun fait observé dans les mines ne justifie ces assertions. Qu'observe-t-on en effet?

que le gaz inflammable, *lorsqu'il se dégage dans une galerie, se trouve concentré dans les parties les plus élevées,* que l'acide carbonique, dans les mêmes circonstances, est concentré dans les parties basses. Cela doit être ainsi, parce qu'il y a dans le voisinage un dégagement continu de ces gaz, lesquels ne se mêlent pas à l'air instantanément. Mais on n'a jamais cité d'exemple qui prouve que des gaz inflammables ou de l'acide carbonique, une fois délayés dans un courant d'air atmosphérique, se soient séparés de la masse pour s'accumuler dans les parties hautes ou dans les parties basses, ou dans les angles des galeries parcourues par le courant.

Il résulte de là qu'il est en effet très-important de conduire l'air, dans tous les cas, de telle sorte que la diffusion des gaz soit favorisée par la différence de pesanteur spécifique de l'air et du gaz que l'on veut entraîner; qu'ainsi il faut faire, autant que possible, circuler l'air en montant, dans les tailles où il se dégage du gaz inflammable, en descendant dans celles où il se dégage du gaz acide carbonique. Mais le courant, une fois sorti des galeries où se dégagent les mofettes, peut circuler dans des voies montantes ou descendantes, sans qu'on ait à craindre que les gaz mêlés se séparent de nouveau; mais il ne faut pas croire, comme le dit M. Ryan, qu'il soit possible, avec une voie d'aérage supérieure aux tailles, et des trous de fleuret ou de petites galeries qui mettraient en communication, de distance en distance, la voie d'aérage et les tailles, de purger le courant circulant dans celles-ci, de telle façon qu'on soit à l'abri de tout danger d'explosion. En un mot, il y a impossibilité complète de prévenir la diffusion des mofettes dans le courant ventilateur ; il faut favoriser autant que possible cette diffusion, sauf les cas très-rares où le gaz peut être réuni dans un tuyau, à la sortie de la roche et conduit au jour. Il y a impossibilité de séparer les gaz une fois mélangés, et le courant qui, après avoir passé sur les tailles, retourne au jour par la voie d'aérage, est généralement un mélange entièrement uniforme d'air atmosphérique et de gaz nuisibles.

Il m'a paru indispensable d'insister sur ce point, parce que les assertions si positives d'un ingénieur aussi expérimenté que M. Gonot, sur la non-diffusibilité, ou la très-petite diffusibilité des gaz que l'on rencontre dans les mines, et la confiance qu'il accorde aux assertions de M. J. Ryan pourraient induire dans de graves erreurs quelques directeurs d'exploitation. D'une part, il semblerait que les travaux seraient parfaitement sûrs, parce que le courant ventilateur aurait une marche constamment ascensionnelle dans une mine à grisou, ce qui ne serait pas vrai. D'un autre côté, on serait conduit à regarder comme tout à fait impossible, d'aérer une galerie à grisou, par un courant descendant dans cette galerie, et à faire, pour éviter cette disposition, des dépenses tout à fait hors de proportion avec leur utilité réelle.

§ III. *De l'influence des variations de la pression de l'air sur l'abondance des gaz qui se dégagent dans les mines.*

M. Bischof n'admet point l'influence des variations de pression atmosphérique, sur l'abondance du gaz inflammable, qui se dégage dans les mines de houille. Il pense que la force de formation de ce gaz est très-grande, puisqu'il peut encore se dégager des pores de la houille, ou de la roche, sous des pressions de plusieurs atmosphères, et qu'en conséquence les variations de pression barométrique ne peuvent avoir qu'une influence inappréciable sur le phénomène. Il attribue l'accroissement d'affluence de gaz, quand le baromètre baisse, signalé par M. Buddle et par tous les directeurs de houillères de l'Angleterre, à un aérage devenu moins actif, par le fait même des influences atmosphériques.

J'ai admis complétement, dans mon mémoire sur l'aérage, et j'admets encore comme acquis à l'art des mines, le fait signalé par les ingénieurs anglais, et que j'avais déjà eu l'occasion de remarquer. J'en ai donné l'explication dans mon deuxième mémoire sur le mouvement de l'air dans les tuyaux de conduite, *Annales des mines*, t. 12, 1837, p. 460 et suiv., auquel je renvoie le lecteur. Je me bornerai à rappeler ici, que c'est surtout dans les mines, où il existe de vieux travaux d'une grande étendue, remblayés ou non, et des soufflards, que le phénomène de l'influence des variations barométriques se fait particulièrement sentir (Mémoire sur l'aérages des mines, p. 178). Je ne saurais admettre, avec M. Bischof, que l'accumulation plus grande des mofettes par les temps pluvieux, et en général quand le baromètre baisse, soit uniquement le résultat d'un aérage plus mauvais, ou d'autres causes par lesquelles il explique la formation du gaz inflammable. J'y vois un simple effet des variations de pression atmosphérique, effet *temporaire seulement*, et qui n'est point en contradiction avec la possibilité de l'écoulement du gaz, sous des pressions bien supérieures à la pression atmosphérique.

M. Gonot, p. 198 à 199 du Recueil, paraît aussi attribuer la plus grande abondance du gaz, par les temps orageux, et quand le baromètre baisse, à un ralentissement du courant d'air ventilateur, provenant de ce que la combustion du foyer est moins vive. Cependant il ajoute :

« C'est surtout dans les mines où il y a d'anciens » travaux abandonnés, que cet effet de la diminu- » tion de pression atmosphérique se fait sentir ; » mais ceci tient encore à une autre cause : c'est » que les couches ayant été exploitées de bas en » haut, suivant leur inclinaison, le gaz hydrogène » s'est accumulé dans les tailles, comme dans des » espèces de cloches. Lorsque la pression augmente, » le volume de gaz diminue, et l'air pur des gale- » ries, remplit l'espace qu'il est forcé d'abandon- » ner. Lorsque la pression diminue, le gaz se » détend et vient se répandre dans les galeries, où » il peut causer les plus grands malheurs. Du » reste, l'on conçoit que ces variations de tempé- » rature, de pression et d'état hygrométrique de » l'atmosphère, peuvent exercer une très-grande » influence sur la circulation de l'air, dans les » mines où le courant est toujours très-faible, et » dû à une aussi faible pression. »

Par cette expression DANS LES TAILLES, M. Gonot entend sans doute désigner l'espace exploité et remblayé, qui se trouve en arrière des ouvriers, dans les mines de la Belgique et du département du Nord. Mais je ne vois pas pourquoi M. Gonot suppose que le gaz s'accumule dans ces remblais, *comme* dans des cloches, parce que la couche a été exploitée de bas en haut, suivant l'inclinaison. S'il en était ainsi, le gaz s'accumulerait surtout au sommet de la cloche, dans l'espace vide où travaillent les ouvriers, et où passe le courant d'air ventilateur. Or, il ne peut s'y accumuler, puisqu'il est incessamment balayé par le courant, et qu'autrement le travail serait impossible. Le gaz s'accumule réellement dans les interstices vides, existant entre les remblais, parce qu'en général il se dégage non-seulement de la couche exploitée, mais encore, le plus fréquemment, du toit ou du mur de cette couche. Il y reste, parce que ces interstices ne sont point aérés; il se répand dans les galeries avoisinantes, lentement, quand la pression extérieure demeure constante; il cesse de sortir, quand le baromètre monte, et c'est alors l'air extérieur qui, *temporairement,* entre dans les remblais où le gaz se condense; il en sort plus abondamment quand le baromètre baisse. Voilà, en peu de mots, l'explication que j'ai donnée dans les passages cités de mes mémoires sur le mouvement de l'air et l'aérage des mines; M. Gonot, si je l'ai bien compris, dit exactement la même chose; mais il attribue à la position des remblais, à la direction des tailles, etc., une influence qui, évidemment, n'existe pas. Sans doute il serait absurde de pratiquer une taille montante, suivant l'inclinaison, dans une couche où le grisou serait abondant, parce que le gaz, sortant de la masse et des remblais, tendrait, en vertu de sa légèreté spécifique, à envahir l'endroit où travaillent les ouvriers; mais je ne sache pas que personne ait conseillé de faire des travaux de ce genre, et, pour ce qui me concerne, je n'en ai jamais vu faire de pareils. En général, les tailles sont poussées partout suivant la direction des couches, à moins que celles-ci ne soient très-peu inclinées.

Dans la page 199, M. Gonot exprime l'opinion que le gaz hydrogène carboné que j'ai vu se dégager de la couche de Latour, sous une pression de 10^{m} d'eau, était le produit d'un sac intérieur, rempli de gaz comprimé, qui se vidait. A cet égard, M. Gonot se trompe; le dégagement a duré beaucoup trop longtemps, sans diminuer d'intensité, pour qu'il soit possible d'admettre son explication. D'ailleurs, les exemples bien avérés de gaz inflammables qui arrivent au jour en soulevant des colonnes d'eau très-élevées, soit dans des mines de houille, soit dans des puits artésiens, sont assez nombreux pour me dispenser d'insister sur ce point.

§ IV. *Sur la formule qui donne la vitesse et le volume de l'air qui circule dans une mine.*

M. Gonot trouve trop compliquée la formule que j'ai donnée dans le deuxième chapitre de mon mémoire sur l'aérage. Il pense, en outre « qu'elle » a l'inconvénient de ne pas faire ressortir les » principaux éléments de la résistance au mouve- » ment de l'air, et la manière dont ils se trouvent » combinés dans les travaux des mines. (p. 166 » et 167 du Recueil.)» Il dit ensuite qu'après avoir étudié toutes les formules données par M. Peclet, dans son Traité de la chaleur, et déduites de ses propres expériences sur le tirage des cheminées, et de celles de M. d'Aubuisson, sur le mouvement de l'air dans les tuyaux de conduite, il a cherché à les appliquer à la détermination de la vitesse de l'air dans les travaux des mines, et qu'il est arrivé à des résultats qui cadrent si bien avec les faits observés, qu'il ne peut résister au désir de consigner le résumé de son travail.

Voici le mode de calcul de M. Gonot. Il obtient la vitesse moyenne de l'air par la formule

$$V = 8,85 \sqrt{\frac{ah(t'-t)D}{L}},$$

dans laquelle a est le coefficient de dilatation des gaz, $t'-t$ l'excès de température de l'air sortant de la mine sur l'air entrant, en degrés centigrades; h la hauteur verticale de la colonne d'air échauffé, D le diamètre moyen du canal parcouru par le courant, et L la longueur totale de ce canal. Il obtient le diamètre moyen D de la manière suivante :

Il fait les produits respectifs des longueurs par les sections moyennes des puits et galeries. Il ajoute ces produits, et divise la somme par la longueur totale L du parcours. Le quotient est la section moyenne, dont il prend le diamètre moyen en considérant cette section comme un cercle. C'est à la section moyenne ainsi obtenue que se rapporte la vitesse V; de sorte que, pour avoir le volume d'air sortant, il fait le produit de cette section par la vitesse V.

On voit qu'en admettant un coefficient numérique bien choisi, M. Gonot calcule tout simplement le volume d'air débité, comme si le canal parcouru avait partout une section uniforme, circulaire et égale à la section moyenne. Or, comme M. Gonot admet, avec tout le monde, que la résistance due au frottement de l'air, dans le canal parcouru, est proportionnelle au carré de la vitesse, il est évident que sa formule donnera des résultats très-écartés de la vérité, toutes les fois que l'ensemble des galeries et des puits n'aura réellement pas une section uniforme d'un bout à l'autre. Je rendrai la chose sensible par un exemple numérique bien simple. Supposons que l'air s'écoule d'un réservoir, par un long tuyau composé de deux parties cylindriques de longueurs égales, mais de diamètres différents. Soit D le diamètre de la première partie, D′ le diamètre de la seconde, L la longueur de chaque partie. Je suppose D plus grand que D′. Je suppose en outre que la longueur L soit assez grande, pour qu'il soit permis de négliger les résistances dues à l'entrée de l'air dans les conduites, à la *contraction*, pour ne tenir compte que du frottement. Supposant la résistance du frottement proportionnelle au carré de la vitesse de l'air, et désignant par H *la hauteur motrice*, on aura, en calculant comme M. d'Aubuisson, comme M. Navier, enfin comme tout le monde, le volume d'air Q, sortant par l'extrémité de la conduite :

$$Q=\sqrt{\frac{2gH}{\frac{2\times4\times16\times\beta}{\pi^2}\,L\left(\frac{1}{D^5}+\frac{1}{D'^5}\right)}},$$

Dans laquelle π est le rapport de la demi-circonférence au diamètre, β le coefficient que l'on adoptera pour le frottement.

Calculons maintenant à la manière de M. Gonot.

La section moyenne sera

$$\frac{\frac{\pi L D^2}{4}+\frac{\pi L D'^2}{4}}{2L}=\frac{\pi}{4}\times\frac{D^2+D'^2}{2},$$

à quoi correspond le diamètre moyen

$$\sqrt{\frac{D^2+D'^2}{2}},$$

La dépense Q d'un tuyau de longueur 2L, et d'un diamètre égal à

$$\sqrt{\frac{D^2+D'^2}{2}},$$

serait, pour une même hauteur H, et une même valeur de 6,

$$Q=\sqrt{\frac{2gH}{\frac{2\times 4\times 16\times 6}{\pi^2}\times 2L\times\frac{1}{\left(\frac{D^2+D'^2}{2}\right)^{\frac{5}{2}}}}}.$$

On voit tout de suite que ces deux valeurs de Q sont loin d'être égales ; la première est à la seconde dans le rapport de

$$\sqrt{2\times\frac{1}{\left(\frac{D^2+D'^2}{2}\right)^{\frac{5}{2}}}}\text{ à }\sqrt{\frac{1}{D^5}+\frac{1}{D'^5}}.$$

Si l'on suppose par exemple $D=2$ mètres et $D'=1$ mètre, ce rapport devient celui de 0,45 à 1,01, c'est-à-dire que la formule de M. Gonot donne une dépense plus que double de la dépense réelle.

Ainsi, le mode de calcul de M. Gonot est inexact, non pas seulement dans quelques cas particuliers, que l'auteur signale lui-même, mais dans tous les cas. S'il trouve que sa formule s'accorde merveilleusement avec les résultats de mes observations dans les mines d'Anzin, publiées à la suite de mon traité sur l'aérage, c'est qu'il s'est donné lui-même les sections transversales des galeries parcourues par le courant d'air, galerie dont je n'ai indiqué que les longueurs. Ainsi, on ne peut aucunement prendre pour vrais, ou même pour proportionnels aux effets qui auraient lieu réellement, les divers résultats numériques calculés d'après cette formule, et qu'il a réunis en tableaux.

Je n'ai publié, dans mon mémoire, aucun calcul numérique sur le mouvement de l'air, parce que les galeries, dans lesquelles j'opérais, étaient tellement irrégulières que je n'avais aucun espoir d'arriver à des résultats utiles, et que d'ailleurs je n'avais pu faire assez d'observations barométriques et thermométriques simultanées, pour qu'il me fût possible d'appliquer la formule à une mine entière. Cependant j'avais calculé, au moyen de mes observations, le diamètre de tuyaux cylindriques capables de débiter, sous les pressions barométriques observées, le même volume d'air que certains bouts de galerie; et j'ai toujours trouvé que quand ces galeries étaient encombrées d'obstacles, sinueuses ou irrégulières, elles donnaient lieu aux mêmes résistances qu'un tuyau d'un diamètre beaucoup plus petit qu'elles. J'en citerai deux exemples. La galerie, de 280 mètres de longueur, qui conduit de la fosse Pauline au pied du puits de la Védette (Voyez note 3, annexée à mon mémoire sur l'aérage), galerie irrégulière et mal entretenue, débite $1^{mc},15$ d'air par seconde, d'après la moyenne de deux jaugeages, dont les résultats diffèrent peu l'un de l'autre. Voici les observations faites dans cette galerie. Près du puits *Pauline*, la section de la galerie est à peu près un trapèze, dont les côtés parallèles ont $1^{m},05$ et $1^{m},24$, et dont la hauteur est de $0^{m},77$; l'aire de cette section est de $0^{mq},881$.

En ce point où un jaugeage a été exécuté, on a eu :

Température du courant d'air.	16°,5
Hauteur du mercure dans le baromètre. .	0m.,7578
Température du mercure.	16°,5

J'ai suivi cette galerie jusqu'au bas de la fosse *Védette*. Tout près de ce dernier puits, elle est creusée dans le roc dur, sur une petite longueur. Sa section est régulière dans cet intervalle, et l'aire de cette section est de 1mc,653. (Ce bout de galerie, large, n'a pas plus de 10 mètres de longueur, et le surplus de la galerie est tellement étroit qu'on la parcourt avec beaucoup de difficulté.)

En ce dernier point où le second jaugeage a été fait, j'ai eu :

Température du courant d'air.	16°
Hauteur du mercure dans le baromètre. .	0m.,7585
Température du mercure.	16°

Enfin, d'après les plans des mines de la compagnie d'Anzin, l'extrémité de la galerie, près de la fosse Védette, est à 23 mètres de distance verticale au-dessous du point où avaient été faites les premières observations.

Si maintenant on désigne par D le diamètre d'un tuyau cylindrique de 280 mètres de longueur, capable de débiter 1mc,15 par seconde, à la température et sous les pressions observées, on calculera le diamètre D par l'équation :

$$1,15 = 4,429 \sqrt{\frac{\frac{13598}{q_{,}}(h'_0 - h'_{,}) + H \times \frac{1+\alpha\times 16}{1+\alpha\times 16,25}}{\frac{1286}{\pi^2} \times \frac{280}{D^5} + \frac{32\times 2,3}{\pi^2 D^5} \log. \frac{1+\alpha\times 16}{1+\alpha\times 16,5}}}$$

(Voyez la pag. 64 de mon mémoire sur l'aérage).

Formule dans laquelle α est le coefficient de dilatation des gaz, β le coefficient du frottement de l'air ; H la distance verticale = 23 mètres; π le rapport de la circonférence au diamètre. Ne connaissant pas la densité de l'air humide qui passe dans la galerie, j'y supplée approximativement en prenant $\alpha = 0,004$, comme on le fait d'ordinaire, dans les formules barométriques, et dans les applications au mouvement de l'air : je prends pour le poids du mètre cube d'air sec, sous la pression de $0^m,79$ de mercure, à 0^d, $1^k,3$, et partant, j'ai :

$$q_{,} = 1,3 \times \frac{0,7585\left(1 - \frac{16}{5550}\right)}{0,76} \times \frac{1}{1 + 0,004 \times 16}.$$

Je ramène les hauteurs de mercure h'_0 et h'_1 à la température de 0°. Je néglige le dernier terme du dénominateur, parce que le logarithme qui y entre comme facteur est extrêmement petit; et je trouve enfin, après avoir remplacé β par 0,0032, et effectué tous les calculs numériques, que le numérateur de la quantité sous le radical, la *hauteur motrice*, est égal à 22,9568 — 8,797 = 14 ,1598, et qu'ainsi l'équation se réduit à

$$1,15 = 4,889\sqrt{D^5},$$

d'où

$$D = \sqrt[5]{\left(\frac{1,15}{4,889}\right)^2} = 0,5605.$$

Ainsi donc, cette galerie tortueuse et mal entretenue, offre à l'air qui y circule les mêmes résistances qu'un tuyau cylindrique de même longueur, dont le diamètre serait de $0^m,56$, et par conséquent la section de $0^{mc},25$. Les résistances y sont plus fortes que dans tout le parcours, beaucoup plus étendu de 1.031 mètres, qui précède cette galerie.

En appliquant les mêmes calculs au puits de la Védette, où l'air remonte, pendant que les tonnes d'eau y circulent, on trouve que les résistances, dans ce puits, sont équivalentes à celles qu'éprouverait l'air, dans un tuyau cylindrique de même longueur, et de 0m,896 de diamètre seulement.

Ces résultats sont bien propres à mettre en évidence le mauvais effet des galeries rétrécies et irrégulières, des étranglements, etc. Cependant il ne faudrait pas trop les généraliser, parce que de petites erreurs d'observation modifieraient beaucoup les résultats, et surtout qu'ils peuvent être compliqués de circonstances locales, dont l'influence ne peut être appréciée. Dans les recherches de ce genre, on ne pourra tirer de conclusions un peu sûres que d'observations très-multipliées, et faites dans des mines très-diverses. Comme je n'en avais pas recueilli un assez grand nombre, je n'ai pas voulu les publier encore, et je m'en suis tenu aux lois générales du mouvement de l'air dans les conduites, qui sont aujourd'hui suffisamment connues par les expériences de MM. Girard et d'Aubuisson.

M. Gonot dit encore, à la page 184, qu'il résulte de sa formule, « que les hautes cheminées, » qui surmontent, la plupart du temps, en Belgique, les puits d'aérage, ne sont pas aussi inutiles que le prétend M. Combes. »

Sous le rapport de l'influence de la hauteur de la colonne d'air chaud, la formule de M. Gonot ne donne pas d'autres résultats que les formules employées avant lui, par d'autres ou par moi-même. Dans toutes, les volumes d'air sortant sont proportionnels aux racines carrées des hauteurs de la colonne d'air échauffée, quand on fait abstraction des différences de résistances dues aux longueurs inégales du conduit. M. Gonot n'a donc pas innové là-dessus, et il pourra s'en convaincre, en relisant le § 30 de mon Traité de l'aérage. Je n'ai point nié que les cheminées n'augmentassent le tirage, quand on les établissait sur des puits de 10 mètres de profondeur, et qu'on leur donnait une hauteur de 60 mètres; mais j'ai dit que la disposition des foyers d'aérage, usitée dans le Hainaut, et qui consiste à les placer au bas de puits particuliers peu profonds, que l'on surmonte de cheminées plus ou moins hautes, est vicieuse; qu'il faut établir les foyers vers le fond des puits, et que quand ceux-ci ont une profondeur un peu considérable, supérieure par exemple à 200 mètres, on ne gagne presque rien à les surmonter de cheminées. Je pense que M. Gonot est aussi de cet avis.

La question des cheminées d'aérage est tellement simple que je n'aurais pas cru utile d'en parler ici, si le savant rapporteur de la commission de l'Académie de Bruxelles, dans l'analyse qu'il a faite du mémoire de M. Gonot, n'avait pas reproduit textuellement le passage que j'ai cité en dernier lieu.

Je m'empresse de dire que le chapitre second du mémoire de M. Gonot, se termine par des principes généraux, qui sont, pour la plupart, fort sages, et auxquels on reconnaît l'ingénieur expérimenté. Toutefois il y a encore là quelque chose de trop absolu dont la pratique ne saurait s'accommoder.

Ainsi, après avoir insisté sur la grande utilité de la division du courant en plusieurs branches, M. Gonot ajoute :

« Lorsque la galerie ou les galeries sont très-» longues, et d'une petite section relativement à » celle des puits, la résistance des parois de ces » puits au mouvement de l'air peut être négligée, » parce que la vitesse y est très-petite ; c'est donc » la galerie presque seule qui ralentit la vitesse de » l'air, et l'on se trompe gravement lorsqu'on » intercepte en tout ou en partie le passage de » l'air, par d'autres galeries d'une moindre lon-» gueur. L'on parvient bien ainsi à diminuer la » dépense d'air aux tailles les plus rapprochées des » puits, et dans les puits, mais non à en faire » passer une plus grande quantité aux tailles les » plus éloignées; en un mot, sans parer à aucun » inconvénient, on rend insuffisant l'aérage de » toute la mine. »

Tout ce paragraphe est la condamnation *absolue* des portes d'aérage, au moyen desquelles on règle la distribution de l'air, dans les mines étendues. Comme ces portes sont indispensables dans les couches de houille exploitées autrement que par remblai immédiat, c'est-à-dire dans presque toutes les mines de houille de l'Angleterre, et du centre de la France; comme elles deviennent même, à mon avis, nécessaires dans beaucoup de cas, dans les couches de houille peu puissantes de la Belgique et du département du Nord; je dois examiner de près la question tranchée par l'auteur.

Supposons qu'il y ait dans une mine deux tailles exploitées, à la manière d'Anzin et de la Belgique, avec remblais en arrière; que dans l'une de ces tailles, le parcours du courant soit de 1 000 mètres; que dans l'autre, le parcours soit de 2 000 mèt. Négligeons, comme le veut M. Gonot, les résistances dans les puits et les galeries où circule la totalité de l'air, avant la division, et après la réunion. Il est évident que les volumes d'air qui arriveront aux deux tailles, seront sensiblement, entre eux dans le rapport inverse des racines carrées des longueurs des parcours respectifs, si toutefois les galeries ont des dimensions égales de part et d'autre. Ainsi dans l'exemple particulier choisi, ces volumes seront comme 1 à $\sqrt{2}$, ou 1 : 1,414. Donc, pour que la taille la plus longue soit suffisamment aérée, il faudra faire circuler dans l'ensemble des deux galeries un volume d'air total qui soit égal à 2,414 fois le volume qui ira à cette taille.

Supposons maintenant que l'on mette une porte régulatrice devant la taille la plus courte, et qu'on l'arrange de manière qu'un volume d'air égal arrive sur les deux tailles; ce sera alors, comme si la taille la plus courte avait pris une longueur de 2 000 mètres, comme la première. Le volume nécessaire, pour aérer l'ensemble des deux tailles, sera au volume qui était nécessaire dans le premier cas, comme 2 est à 2,414. La force motrice à dépenser, pour l'aérage, étant d'ailleurs mesurée par le produit du poids de l'air, qui entre dans la mine, multiplié par la hauteur motrice, il en résulte évidemment que la hauteur motrice restant la même dans les deux cas, l'on dépensera une force motrice, ou plutôt *un travail moteur* plus grand dans le premier cas que dans le second, et cela dans le rapport de 2 à 2,414; bien que nous ayons négligé toutes les résistances que l'air éprouve, dans le reste du parcours où il n'est pas divisé.

Ce serait bien autre chose, si les tailles avaient des longueurs plus inégales, si, au lieu de deux tailles, il y en avait sept ou huit d'inégales longueurs.

Je ne crois pas utile d'insister davantage sur ce point, et je me résume en disant : 1° qu'en effet les portes régulatrices sont des obstacles qui, toutes choses égales d'ailleurs, diminuent le volume d'air total qui circule dans la mine; 2° que ces portes, en effet, toutes choses égales d'ailleurs, ne feraient pas passer plus d'air sur les tailles plus longues, si l'on négligeait les résistances que l'air éprouve dans le parcours des puits et galeries, avant la division et après la réunion de toutes les branches partielles; 3° j'ajoute que néanmoins, même dans ce dernier cas, les portes régulatrices seraient encore utiles, parce qu'elles limitent la quantité d'air, qui irait *inutilement* passer sur les tailles les plus courtes, et gêner peut-être les ouvriers qui y travaillent; qu'en limitant cette quantité d'air, elles diminuent, dans la même proportion, la dépense de force motrice nécessaire pour l'aérage (soit la dépense de combustible, si c'est un foyer, soit celle de *travail moteur*, si c'est une machine), dépense dont M. Gonot ne tient aucun compte; 4° je dis en outre qu'il n'est pas permis de négliger, en général, les résistances au mouvement, dans les puits et dans les voies générales, qui aboutissent aux tailles, pour y conduire, ou pour ramener le courant d'air, et qu'alors les portes régulatrices font réellement arriver une plus grande quantité d'air, aux tailles les plus éloignées, et deviennent, dans la plupart des circonstances de la pratique, tout à fait indispensables. Si l'on me répond qu'il n'y a qu'à faire les tailles d'égale longueur, je conviendrai volontiers qu'il vaudrait mieux que cela fût ainsi, mais j'ajouterai que la plupart du temps cela n'est pas possible, et qu'en fait d'*arts industriels*, les spéculations purement théoriques ne sont point à leur place.

§ V. *Sur les moyens de déterminer les courants d'air ventilateurs dans les mines.*

Plusieurs moyens nouveaux sont proposés, dans les mémoires dont l'Académie de Bruxelles a publié le recueil.

M. Gonot proscrit entièrement les foyers d'aérage, comme dangereux dans les mines à *grisou*, même dans le cas où ils sont alimentés par un filet d'air pur venant de la surface, comme dans les mines du département du Nord. Cet arrêt me paraît trop absolu : la commission de l'Académie de Bruxelles en a jugé de même. Je renvoie aux détails circonstanciés, contenus dans mon mémoire sur l'aérage, et à la lecture du travail de M. Gonot pour apprécier les motifs de ces opinions diverses.

M. Gonot propose de remplacer les foyers d'aérage par un jet de vapeur d'eau, qu'il fait arriver au fond du puits de sortie de l'air, à une profondeur de 200 mètres, par exemple, au moyen d'un tuyau de $0^{m},20$ de diamètre environ, établi dans un angle du puits, et venant déboucher à peu près au pied de ce puits, par son extrémité inférieure, recourbée verticalement de manière à donner au jet de vapeur, comme au courant d'air, une direction ascendante. La vapeur serait prise dans des chaudières particulières, ou même ce serait celle qui aurait produit son effet mécanique, dans des machines sans condenseur, servant à l'extraction de la houille. Lorsque les machines ne fonctionneraient pas, on entretiendrait au besoin le jet de vapeur, en l'empruntant directement à la chaudière, au moyen d'un branchement particulier, muni d'un robinet.

La première idée d'employer un jet de vapeur, pour déterminer un courant d'air, paraît très-ancienne. Delorme, dans le liv. 9, chap. 8 de son Architecture, propose, comme moyen d'empêcher les cheminées de fumer, « de se servir de » deux pommes creuses de cuivre de cinq ou six » pouces de diamètre au plus; ayant fait un petit » trou en dessus, il faut les remplir d'eau, ensuite » les placer dans la cheminée, à la hauteur de 4 ou » 5 pieds, afin qu'elles puissent s'échauffer jus» qu'au point que l'eau étant suffisamment chaude, » elle s'évaporera par le petit trou; les vapeurs » raréfiées sortiront rapidement, etc. »

Dans ces derniers temps, M. Pelletan est, je crois, le premier qui ait proposé de jeter la vapeur sortant des cylindres des machines locomotives dans la cheminée, pour activer le tirage, et ce procédé est aujourd'hui exclusivement employé dans les machines de cette espèce. Enfin, M. A. de Vaux, ingénieur en chef de la province de Liége, a publié en 1836 une note très-intéressante, dans laquelle il propose un nouveau moyen d'appliquer la vapeur à l'épuisement des eaux et à l'aérage des mines. Ce moyen consiste :

Quant à l'épuisement,

« A développer par des appareils, établis à la » surface, la vapeur, élément de la force motrice » employée, et à conduire cette vapeur dans l'in-

» térieur, en la garantissant du refroidissement » et de la condensation, jusqu'aux points où l'on » a besoin d'appliquer la force motrice, pour opé- » rer l'épuisement des eaux de la mine avec le » plus de simplicité et le moins de dépense de » force possible. »

Et quant à l'aérage :

« A emprunter à un tuyau à vapeur, servant » ou non à l'épuisement, et placé dans la bure » d'aérage, la chaleur nécessaire pour déterminer » une aspiration suffisante, et l'ascension de l'air » des travaux par cette bure. »

Il est certainement possible d'échauffer la colonne d'air montante par un puits d'aérage, *à la vapeur*, c'est-à-dire aux dépens de la chaleur fournie par la condensation de la vapeur, soit qu'on la fasse circuler dans un tuyau fermé, au bas duquel on recueillerait l'eau provenant de la vapeur condensée, soit en faisant jaillir cette vapeur dans l'air, au bas du puits, comme l'indique M. Gonot. Mais ce mode d'échauffer l'air ne me paraît pas devoir être économique, et donnera lieu à plusieurs difficultés, dont l'expérience seule peut faire apprécier la gravité. J'en indiquerai brièvement quelques-unes. Si l'on emploie une chaudière particulière, exclusivement consacrée à l'échauffement de l'air dans le puits,

1° On perdra toute la chaleur qui restera contenue dans l'air non brûlé, et dans les produits de la combustion. C'est, comme on sait, au moins le tiers, et souvent la moitié de la chaleur totale développée.

2° Le tuyau étant appliqué contre les parois du puits, parce qu'il faut le soutenir, et ne pas gêner le passage, la chaleur se transmettra partiellement à la roche voisine du tuyau, d'où elle se perdra, par transmission, dans la roche contiguë.

3° Le tuyau devra être parfaitement garanti du contact des eaux, qui pourront découler des parois du puits; autrement une bonne partie de la chaleur serait employée à échauffer, ou vaporiser ces eaux, et ne serait rendue que très-imparfaitement à l'air ascendant.

4° La chaleur sera émise par le tuyau dans toute sa hauteur; ce sera comme si on avait un foyer qui occupât toute la hauteur verticale du puits; la chaleur émise par les parties supérieures contribuera peu à activer le tirage.

5° Enfin si on fait jaillir la vapeur au bas du puits, comme le propose M. Gonot, la vapeur se condensera bien et livrera sa chaleur latente; mais elle ne se condensera pas tout de suite; elle s'élèvera en colonne au milieu de l'air ascendant, auquel elle ne se mêlera que lentement, et l'on peut craindre qu'il ne se forme un courant assez rapide d'air et de vapeur, qui irait jusqu'à une grande hauteur dans le puits, peut-être jusqu'au jour, sans que la masse entière s'échauffât, de sorte qu'alors la vapeur agirait plutôt en entraînant de l'air, comme elle le fait dans les cheminées des machines locomotives, qu'en échauffant toute la masse, aux dépens de sa chaleur latente, ce qui vaudrait beaucoup mieux, sous le point de vue de l'économie du combustible. Je ne prétends pas que ces motifs, auxquels j'en pourrais ajouter quelques autres, soient de nature à faire rejeter péremptoirement, comme inadmissible, le mode d'échauffement de l'air par un jet de vapeur. Mais ils font voir que ce mode est moins économique que l'action directe d'un foyer d'aérage, et n'est pas exempt d'autres difficultés. Si l'on dit que l'on utilisera la vapeur perdue des machines placées à la surface, parce qu'on emploiera des machines sans condenseur, je répondrai que ce sera toujours de la force perdue, puisqu'on aurait pu utiliser autrement la force motrice de cette vapeur, en adaptant des condenseurs aux machines, ce qui est presque toujours facile sur les mines, tandis que ce serait très-difficile dans les locomotives. J'ajouterai surtout qu'il n'est pas bon que l'aérage d'une mine soit subordonné à un autre service, parce que l'aérage ne doit jamais être interrompu, et que les autres services le sont forcément, à des intervalles plus ou moins rapprochés.

Il n'en est pas moins désirable que l'on fasse des expériences précises, propres à décider la question, qui, je le crois, n'est pas résolue par le mauvais succès que l'on a eu, en essayant de jeter de la vapeur d'eau à la base de quelques cheminées d'aérage.

M. Motte, ingénieur mécanicien à Marchiennes-au-Pont, après avoir critiqué les grandes machines aspirantes à pistons, construites en Belgique, depuis quelques années, et que j'ai fait connaître dans mon Traité de l'aérage, propose une *vis pneumatique*, composée « d'un cylindre » placé verticalement, communiquant par sa base » inférieure A, *Pl. IX*, *fig.* 1, avec les ouvrages » à aérer, et par sa base supérieure B, avec l'at- » mosphère; d'une vis C munie d'une poulie D, » placée dans le cylindre avec lequel elle fait axe » commun, et d'une petite machine à vapeur » dont le cylindre placé en E fait tourner le vo- » lant F; ce volant, faisant fonction de grande » poulie, est muni d'une courroie qui, passant » sur la poulie de la vis, fait tourner celle-ci sur

» son pivot, de manière à engager dans son pas » l'air qui arrive par l'une de ses bases. »

La vis pneumatique de M. Motte n'est pas nouvelle ; M. Sochet, ingénieur de la marine au port de Toulon, avait proposé d'appliquer une vis tout à fait pareille à l'aérage de la cale des vaisseaux, dans un mémoire adressé le 10 mai 1834 au conseil des travaux de la marine, qui a décerné à l'auteur une récompense (1).

La vis pneumatique de M. Sochet et de M. Motte ne réaliserait pas, je pense, l'effet utile annoncé par ce dernier, 67 p. 100 du travail dépensé, d'après des expériences dont les résultats ne peuvent être discutés, parce que les données contenues dans son mémoire, pages 417 à 419, sont incomplètes. Je la regarde néanmoins comme réunissant les conditions principales d'un bon appareil d'aérage. J'estime que, moyennant une bonne construction, elle utilisera les $\frac{40}{100}$ environ du travail moteur transmis à l'axe de rotation, et que sous le rapport de l'économie du travail moteur, elle sera au moins aussi avantageuse que les grandes machines à pistons établies en Belgique depuis quelques années, et demeurera inférieure aux ventilateurs à force centrifuge établis conformément aux règles, qui seront indiquées ci-après. Elle a sur les machines à pistons l'avantage du bon marché, de la simplicité de construction et d'installation, d'un faible volume. Elle a en outre l'avantage de fonctionner à volonté comme machine soufflante, ou comme machine aspirante, sans aucune modification, et en changeant sim-

(1) J'ai appris tout récemment que M. A. de Soublakoff, lieutenant général au service de S. M. l'empereur de Russie, avait aussi employé, depuis longtemps, un appareil du même genre.

plement le sens du mouvement de rotation. Ceci la rend surtout propre à être employée, ainsi que l'a remarqué M. Motte, comme machine portative de *sauvetage*, lorsqu'il faut pénétrer, à la suite d'accidents, dans des cavités infestées de mofettes, pour secourir des ouvriers asphyxiés. Dans ce cas, elle devra généralement fonctionner comme machine soufflante. Elle pourra être établie, près de l'embouchure de la galerie infestée, en un point où le courant d'air général soit sain. En prolongeant successivement le canon de la vis, par des bouts de tuyaux en toile, enduits d'une matière qui les rende imperméables à l'air, on lancera dans la galerie infestée, de l'air frais qui fera refluer les gaz méphitiques, dans celle où sera installée la vis. Une cloison grossière en planches mal jointes, ou une simple toile sera établie en arrière de la machine, et les gaz méphitiques seront rejetés derrière cette cloison, pour qu'ils soient entraînés par le courant et ne reviennent pas vers la vis.

Avant d'exposer la théorie de cet appareil, je dirai quelques mots sur la critique que fait M. Motte des machines aspirantes à pistons, établies sur les fosses de Sacré-Madame, à Dampremy, et de Saint-Léonard, au Monceaux-Fontaine. L'auteur trouve, d'après ses observations, que la première utilise 0,064 et la seconde 0,061 du travail moteur développé par les machines à vapeur, qui les mettent respectivement en jeu. Il faut alors que ces machines se soient grandement détériorées, dans le temps qui s'est écoulé entre les observations que j'ai recueillies, et publiées dans mon Traité sur l'aérage, et les observations de M. Motte. J'ai trouvé en effet que chacun des pistons de la machine de Sacré-Madame faisait 24 excursions complètes en 65 secondes, ou 23 $\frac{1}{2}$ par minute ; que le degré de vide, dans le puits d'ascension de l'air, était mesuré moyennement par une colonne d'air de 50 millimètres. M. Motte a trouvé que, dans cette même machine, chaque piston ne faisait que 13 excursions par minute (26 pour les deux), page 414 du recueil, et que le degré de vide était mesuré moyennement par une colonne d'eau de 20 millimètres. Même différence quant à la machine de Saint-Léonard. Je trouve 15 excursions complètes, ou 30 excursions simples du piston de cette machine en 66 secondes, soit 27 par minute. Le degré du vide moyen est mesuré par 50 millimètres d'eau.

M. Motte ne trouve que 21 excursions par minute, et le degré du vide de 23 millimètres.

En définitive, ou on avait laissé ces machines se détériorer beaucoup, ou bien on ne les faisait pas agir avec leur vitesse ordinaire, lors des observations de M. Motte. En tous cas, je n'hésite pas à dire que les machines à pistons sont moins mauvaises qu'il n'a été conduit à le supposer.

Venons à la théorie de la vis : ses effets n'ont aucune analogie avec ceux de la vis soufflante de M. Cagnard-Latour, bien connue des mécaniciens, et dont l'emploi paraît avantageux. La CAGNARDELLE puise par son orifice supérieur, qui exécute la moitié de sa révolution dans l'air, et l'autre moitié sous l'eau, de l'eau et de l'air alternativement. L'air occupant toujours la partie la plus élevée de chaque spire, tandis que l'eau occupe la partie basse, descend de spire en spire, en se comprimant de plus en plus, sous les pressions des colonnes d'eau qui séparent les espaces occupés par l'air, et finit par sortir au bas de la vis, sous une espèce de cloche, d'où il passe dans les porte-vents. Lorsque l'on prend une simple vis, qu'on la loge dans une cloison percée d'une ouverture cylindrique capable de la contenir, et qu'on la fait tourner suivant le système de M. Sochet et de M. Motte, l'air qui remplit la vis ne peut être délogé et ne peut circuler en sens inverse du mouvement de rotation imprimé à celle-ci, qu'en vertu de la pression déterminée par le choc de l'orifice antérieur de la vis sur l'air que cet orifice vient frapper, et du vide déterminé en arrière de son orifice postérieur, par suite du même mouvement. Il n'y a là aucun effet de force centrifuge ; car l'air peut sortir de la vis à la même distance de l'axe de rotation où il est entré, et je ne vois aucune raison pour que les choses se passent autrement. En un mot, la cause qui fait circuler l'air dans les canaux hélicoïdes, dont on peut concevoir le creux de la vis comme composé, me paraît être la même que celle qui ferait circuler de l'eau ou de l'air, dans un tuyau droit, ouvert par les deux bouts, auquel on imprimerait un mouvement de translation, au milieu d'une masse d'air ou d'eau stagnante, dans une direction formant avec l'axe du tuyau, le même angle que chaque canal hélicoïde forme avec le plan perpendiculaire à l'axe de la vis, plan qui est celui du mouvement de rotation. Pour que l'assimilation soit complète, il faudra concevoir que les plans des orifices antérieur et postérieur AB et CD du tuyau, *Pl. IX*, *fig.* 2, soient obliques à son axe, et perpendiculaires à la direction du mouvement de translation, de sorte que A désignant l'aire de l'un de ces orifices, et α l'angle compris entre l'axe du tuyau et la direction du mouvement de translation, la section normale à l'axe du tuyau soit égale à A cos. α. Enfin, il faudra concevoir que la pression de l'air dans lequel s'avance l'orifice antérieur AB du tuyau, soit plus petite que la pression de l'air dans lequel est plongé son orifice postérieur.

Cela posé, soit v la vitesse de translation imprimée au tuyau, dans le sens xy ; h_0, h_1 les pressions qui ont respectivement lieu dans les masses d'air où débouche le tuyau, par ses deux extrémités AB et CD, mesurées en colonnes d'air. La pression sur l'orifice antérieur AB du tuyau, sera augmentée de la hauteur due à la vitesse de translation, et, par conséquent, la circulation de l'air, dans le tuyau, sera la même que si, celui-ci étant immobile, la pression en AB était égale à $h_0+\frac{v^2}{2g}$, tandis qu'elle serait égale à h_1 sur l'extrémité CD. La vitesse relative d'écoulement, dans le sens zv, serait donc égale, abstraction faite des frottements, à

$$\sqrt{v^2-2g(h_1-h_0)}\ ,$$

et le volume d'air débité dans l'unité de temps, à

$$A\cos.\alpha\sqrt{v^2-2g(h_1-h_0)}\ ,$$

puisque A cos. α est la section normale à l'axe du tuyau. En ayant égard aux frottements et aux résistances à l'embouchure du tuyau, on aura, en appelant μ le coefficient de réduction de la vitesse théorique, P le périmètre de la section transversale dont l'aire est A cos. α, L la longueur du tuyau :

$$Q = A\cos.\alpha \sqrt{\frac{v^2 - 2g(h_1 - h_0)}{\frac{1}{\mu^2} + 2\beta \frac{PL}{A\cos.\alpha}}},$$

β est le coefficient du frottement, que l'on peut prendre égal à 0,0032, suivant les expériences de M. d'Aubuisson, lorsqu'on admet que ce frottement croît proportionnellement au carré de la vitesse.

Lorsqu'on néglige toutes les résistances passives, on a $\mu = 1$, $\beta = 0$, et

$$Q = A\cos.\alpha \sqrt{v^2 - 2g(h_1 - h_0)}.$$

Si les pressions h_0 et h_1 sont égales,

$$Q = A\cos.\alpha \times v$$

et la vitesse avec laquelle l'air circule dans le tuyau, qui est égale à $\frac{Q}{A\cos.\alpha}$, devient égale à la vitesse même de translation v.

Pour que l'air circule de AB vers CD, il faut que l'on ait $v^2 > 2g\ (h_1 - h_0)$. Par exemple, pour un excès de pression $h_1 - h_0$, mesuré par une colonne d'eau distillée, de 5 centimètres de hauteur, équivalente à une colonne d'air de 38 mètres en nombres ronds, le poids du mètre cube d'air étant pris égal à $1^k,3$, v doit être plus grand que

$$\sqrt{19,6176 \times 38} = 27^m,30.$$

Pour toutes les valeurs de V, supérieures à cette limite, la vitesse de circulation et le volume d'air croîtront proportionnellement à

$$\sqrt{v^2 - 19,6176 \times 38},$$

puisque le dénominateur des valeurs de la vitesse et du volume Q demeure invariable.

En négligeant les résistances passives, on peut

former le tableau suivant des vitesses v imprimées au tuyau, et des vitesses correspondantes que l'air prendrait dans son intérieur.

Vitesses imprimées au tuyau.	Vitesses correspondantes de circulation dans le tuyau.
$v = 27^m,30$	$\frac{Q}{A\cos.\alpha} = 0$
30	$= 12^m,43$
40	$= 29^m,23$
50	$= 41^m,89$
100	$= 96^m,20$

Au delà de ce terme, la vitesse de l'air différerait très-peu de la vitesse v, à laquelle elle demeure toujours inférieure.

L'analogie de la vis pneumatique avec le tuyau rectiligne, que nous venons de considérer, est facile à saisir. Si l'on conçoit, en effet, l'appareil installé, *Pl. IX*, *fig.* 1, dans l'épaisseur d'une digue, qui sépare deux capacités contenant des fluides de même nature, mais sous des pressions différentes, il est visible que le fluide ne pourra passer d'une capacité dans l'autre, en traversant l'appareil, qu'en glissant sur la cloison hélicoïde, ou parallèlement à cette cloison, de sorte que les trajectoires des filets fluides, dans l'intérieur de l'appareil, seront des spires d'hélice de même pas que toutes celles qu'on peut tracer sur la cloison, et dont l'inclinaison sur l'axe commun de rotation dépendra de leurs distances à l'axe. Ainsi, tous les filets fluides qui chemineront entre deux surfaces cylindriques, infiniment rapprochées, dont les rayons seront r et $r+dr$, décriront, dans l'intérieur de la vis, des hélices égales à celle qui résulte de la section de la cloison hélicoïdale par la surface cylindrique de rayon r. Si l'on désigne par α l'inclinaison des tangentes à cette hélice sur l'axe commun, par u la vitesse relative des particules fluides, le volume d'air total qui traversera, dans l'unité de temps, la surface annulaire comprise entre les deux circonférences de rayons r et $r+rdr$, sera évidemment égal à $2\pi rdr \times u \cos.\alpha$, ou bien à $pdr \times u \sin.\alpha$, p désignant le pas de la vis. Si la vis ne tourne pas sur son axe, la vitesse relative u sera aussi la vitesse absolue; mais si on laisse la vis libre, elle prendra évidemment un mouvement de rotation sur son axe, lequel sera dirigé en sens inverse de la vitesse des particules fluides, dans l'intérieur de l'appareil. La vitesse absolue d'une particule fluide sera la résultante de la vitesse relative u et de la vitesse wr que prennent, dans le mouvement de rotation, les points situés à la distance r de l'axe, w désignant la vitesse angulaire. Les trajectoires des filets, dans l'espace absolu, ne seront plus les hélices dont le pas est p et le rayon r, mais d'autres hélices tracées sur le cylindre de rayon r, et dont l'inclinaison sur les génératrices du cylindre et sur l'axe, dépendra à la fois de la vitesse relative u et de la vitesse angulaire w. La vitesse u peut être décomposée en deux autres, contenues dans le plan tangent à la surface cylindrique, sur laquelle l'hélice est tracée; et dirigées suivant la génératrice du cylindre, et suivant la tangente à la circonférence de rayon r. L'expression de la première composante est $u \cos.\alpha$. La seconde composante est $u \sin.\alpha$.

La composante $u \sin.\alpha$ et la vitesse de rotation wr se retranchent l'une de l'autre; de sorte que la composante de la vitesse absolue, dans le sens perpendiculaire à l'axe, est : $u \sin.\alpha - wr$. La composante suivant la génératrice étant $u\cos.\alpha$, la vitesse absolue est égale à :

$$\sqrt{u^2+w^2r^2-2uwr\sin.\alpha},$$

et sa direction forme, avec la composante $u\cos.\alpha$, ou avec l'axe de la vis, un angle dont le cosinus est égal à

$$\frac{u\cos.\alpha}{\sqrt{u^2+w^2r^2-2uwr\sin.\alpha}}.$$

C'est le cosinus de l'inclinaison, sur l'axe de la vis des tangentes à l'hélice décrite, dans le mouvement absolu des particules fluides, qui passent à la distance r de l'axe; cette inclinaison est nulle, et les trajectoires des particules fluides deviennent par conséquent des droites parallèles à l'axe, lorsque le cosinus est égal à 1, c'est-à-dire lorsque l'on a :

$$u\cos.\alpha=\sqrt{u^2+w^2r^2-2uwr\sin.\alpha}.$$

Élevant les deux membres au carré, cette équation devient :

$$u^2\sin.^2\alpha+w^2r^2-2uwr\sin.\alpha=0,$$

$$(u\sin.\alpha-wr)^2=0,$$

$$u\sin.\alpha=wr.$$

Les particules fluides traversent alors l'appareil en ligne droite, comme si la cloison hélicoïde n'existait pas. Elle se dérobe, pour ainsi dire, devant le fluide arrivant; or, puisque sa présence ne modifie point la direction de la vitesse du faisceau fluide, ce faisceau ne peut exercer à son tour sur la cloison aucune pression normale; tout se réduit à l'action tangentielle du fluide sur la cloison, et de la cloison sur le fluide, c'est-à-dire aux frottements. Si on fait pour un instant abstraction de ces frottements, la vitesse absolue de l'air sera précisément la vitesse due à l'excès de pression qui a lieu dans la capacité d'où sort le fluide, sur celle qui a lieu dans la capacité où il entre; de sorte que si nous appelons H la hauteur de la colonne fluide qui mesure cet excès de pression, nous aurons .

$$\sqrt{u^2+w^2r^2-2uwr\sin.\alpha}=u\cos.\alpha=\sqrt{2gH};$$

d'ailleurs

$$u\sin.\alpha=wr.$$

Ajoutant ces deux équations, membre à membre, après les avoir élevées au carré, il vient :

$$u^2=w^2r^2+2gH,$$

$$u=\sqrt{2gH+w^2r^2}.$$

Ainsi la hauteur génératrice de la vitesse relative u est égale à la hauteur H, augmentée de la hauteur $\frac{w^2r^2}{2g}$, due à la vitesse wr que prennent, dans le mouvement de rotation, les filets situés à la distance r de l'axe.

On obtiendra d'ailleurs le volume d'air débité dans l'unité de temps, par la surface annulaire comprise entre les circonférences de rayons r et $r+dr$, en multipliant cette surface $2\pi rdr$, soit par la vitesse absolue u cos. α qui lui est perpendiculaire, soit par la projection de la vitesse relative u sur la normale à cette surface, projection qui est aussi égale à u cos. α.

Enfin, de l'équation u sin.$\alpha=wr$, on tire :

$$w=\frac{u\sin.\alpha}{r}=\frac{\sqrt{2gH+w^2r^2}\sin.\alpha}{r},$$

mais le pas de la vis étant désigné par p, on a :

$$\sin.\alpha = \frac{2\pi r}{\sqrt{p^2+4\pi^2 r^2}},$$

et l'équation précédente se réduit à :

$$w = 2\pi\sqrt{\frac{2gH+w^2r^2}{p^2+4\pi^2r^2}};$$

élevant au carré, et réduisant, cette équation devient :

$$w^2p^2 = 2gH\times 4\pi^2 ; \quad wp = 2\pi\sqrt{2gH},$$

équation qui ne renferme plus le rayon r, ce qui fait voir que lorsque la vis prendra une vitesse angulaire w telle que

$$wp = 2\pi\sqrt{2gH},$$

tous les filets fluides qui traverseront l'appareil décriront à la fois, dans leur mouvement absolu, des lignes droites parallèles à l'axe, comme si la cloison hélicoïdale était enlevée, quelle que soit d'ailleurs l'étendue de cette cloison. Le mouvement de l'air sera exactement celui d'un écrou solide, qui aurait un mouvement de translation parallèle à l'axe de la vis, tandis que celle-ci prendrait sur son axe un mouvement de rotation. La vitesse angulaire

$$\frac{2\pi\sqrt{2gH}}{p}.$$

serait évidemment celle que prendrait naturellement la vis, sous l'impression du fluide sortant, si la résistance due au frottement de l'axe sur ses paliers était nulle, ainsi que le frottement de l'air contre la cloison hélicoïde sur laquelle il s'appuie.

L'on voit que la vitesse relative des filets fluides varierait avec leurs distances à l'axe, et serait pour chaque filet, celle qui est due à la hauteur H augmentée de $\frac{w^2r^2}{2g}$, c'est-à-dire de la hauteur due à la vitesse de rotation, que prennent les points de la vis situés à la même distance de l'axe que le filet considéré.

Si maintenant on conçoit que l'on imprime à la vis, par l'application de forces extérieures, une vitesse angulaire w, différente de celle qu'elle prendrait naturellement sous la pression H, et en sens inverse de celle-ci, la vitesse relative des filets fluides situés à la distance r de l'axe de rotation sera égale à la vitesse due à la hauteur H, diminuée de $\frac{w^2r^2}{2g}$, et l'on aura généralement,

$$u=\sqrt{2gH-w^2r^2};$$

la vitesse absolue des particules fluides sera :

$$\sqrt{u^2+w^2r^2+2uwr\sin.\alpha},$$

la composante $u\sin.\alpha$ de la vitesse relative s'ajoutant ici à wr.

Le cosinus de l'inclinaison des tangentes à l'hélice décrite, dans le mouvement absolu, sur l'axe de rotation sera :

$$\frac{u\cos.\alpha}{\sqrt{u^2+w^2r^2+2uwr\sin.\alpha}}.$$

Or, à mesure que w^2r^2 se rapprochera de $2gH$, la vitesse relative u s'approchera de o, la vitesse absolue s'approchera de wr; le cosinus de l'inclinaison de l'hélice décrite, dans le mouvement absolu sur l'axe, s'approchera de o, et cet angle de 90°. Ainsi donc, l'hélice décrite se raccourcira de plus en plus, et se confondra, à la limite, avec la circonférence de rayon r. A cette limite on a : $w^2r^2=2gH$, $u=o$; la vitesse absolue $=wr$.

Le fluide qui occupe l'espace annulaire, infiniment petit, situé à la distance r de l'axe, est simplement entraîné dans le mouvement de rotation de la vis, il n'a aucun mouvement relatif; l'élément de la cloison sur laquelle il s'appuie forme un obstacle complet au passage du fluide.

Dans cet état de choses, pour les points de la cloison situés à une distance r' de l'axe plus petite que le rayon r, on a $w^2r'^2<2gH$; le fluide s'écoule donc encore par l'espace compris entre le noyau et la surface cylindrique de rayon r, et la vitesse relative va en croissant à mesure qu'on s'approche du noyau.

Pour les points qui sont au contraire situés au delà de la surface cylindrique de rayon r, on a, en appelant r_1 la distance d'un de ces points à l'axe, $w^2r_1^2>2gH$. La valeur de u devient imaginaire. Mais il est facile de voir que le sens du mouvement de l'air, dans l'intérieur de la vis, est simplement renversé. En effet, l'extrémité de la cloison hélicoïde opposée à celle qui est tournée du côté du réservoir contenant le fluide sous une pression plus grande, s'avance au milieu du fluide contenu dans l'autre réservoir, avec la vitesse wr_1, dirigée au-devant de la vitesse relative, que devrait prendre le fluide contenu dans ce dernier réservoir, pour remonter dans le premier. Le fluide circulera donc dans la vis en sens inverse du mouvement de rotation de celle-ci, et avec une vitesse relative due à la hauteur $\frac{w^2r_1^2}{2g}$, diminuée de la hauteur H. On aura :

$$u_1 = \sqrt{w^2 r_1^2 - 2gH};$$

la vitesse absolue sera :

$$\sqrt{u_1^2 + w^2 r_1^2 - 2u_1 w r_1 \sin.\alpha.}$$

Le cosinus de l'inclinaison de l'hélice décrite, dans le mouvement absolu sur l'axe de rotation, sera :

$$\frac{u_1 \cos.\alpha}{\sqrt{u_1^2 + w^2 r_1^2 - 2u_1 w r_1 \sin.\alpha}}.$$

Ces hélices serpenteront autour de l'axe, en sens inverse des trajectoires des filets fluides, qui chemineront près du noyau. En un mot, il s'établira dans la vis deux courants en sens inverse, l'un près du noyau, l'autre près de l'enveloppe.

Si l'on veut que toute la masse fluide contenue dans la vis, remonte du second réservoir dans le premier, il faudra imprimer à celle-ci une vitesse angulaire telle que, en désignant par r_0 le rayon du noyau, on ait : $w^2 r_0^2 > 2gH$. Alors toutes les hélices décrites dans le mouvement absolu des filets fluides serpenteront autour de l'axe, dans le même sens, en sens inverse des hélices dont se compose la cloison. Ces hélices seront d'autant plus inclinées sur l'axe commun, qu'elles s'écarteront davantage du noyau pour se rapprocher de l'enveloppe, ce qui est précisément l'inverse des hélices qui composent une cloison hélicoïde.

La vitesse relative des filets, qui passent à la distance r de l'axe, étant égale à

$$\sqrt{w^2 r^2 - 2gH},$$

le volume de fluide aspiré par la vis, dans l'unité de temps, sera donné par l'intégrale :

$$2\pi \int u \cos.\alpha r dr = 2\pi \int_{r_0}^{r_1} \sqrt{\frac{w^2 r^2 - 2gH}{p^2 + 4\pi^2 r^2}}\, p r dr,$$

p désignant le pas de la vis, r_0 et r_1 les rayons du noyau et de l'enveloppe.

Il est évident que, dans l'emploi de la vis comme machine aspirante, il faut installer la machine, de manière que sous la vitesse angulaire qui lui est imprimée, il n'y ait point deux courants en sens inverse l'un de l'autre, ce qui exige, quand H est un peu grand, que le noyau n'ait pas un diamètre trop petit; autrement les vitesses angulaires deviendraient considérables. On pourra d'ailleurs, dans les applications pratiques, substituer au rayon variable r le rayon de l'hélice moyenne, entre le noyau et l'enveloppe, à cos. α, le cosinus de l'inclinaison de cette hélice, et considérer la vitesse u comme uniforme, pour tous les filets fluides; on aura alors, en appelant r le rayon moyen, et p la longueur de la vis:

$$u=\sqrt{w^2r^2-2gH},$$

$$u\cos.\alpha=p\sqrt{\frac{w^2r^2-2gH}{p^2+4\pi^2r^2}},$$

pour le volume de fluide débité dans l'unité de temps que j'appellerai Q:

$$Q=u\sin.\alpha p(r_1-r_0)=2\pi\sqrt{\frac{w^2r^2-2gH}{p^2+4\pi^2r^2}}\,pr(r_1-r_0).$$

La vitesse absolue moyenne sera:

$$\sqrt{u^2+w^2r^2-2uwr\sin.\alpha}.$$

En un mot, on assimilera l'appareil à un tuyau à section rectangulaire, dont la largeur serait égale à r_1-r_0, la hauteur à $p.$ sin. α, la longueur à la longueur développée de l'hélice moyenne de la cloison, c'est-à-dire à $\frac{p}{\cos.\alpha}$. On pourra ainsi tenir compte, dans le calcul de la machine, des résistances passives développées par le frottement de l'air contre les parois de la cloison hélicoïde, sur laquelle le fluide glisse avec une vitesse relative u. A cet égard on remarquera que bien qu'il n'y ait qu'une simple cloison, et non point un tuyau hélicoïde, l'assimilation, quant à l'évaluation des frottements, est tout à fait fondée, parce que le fluide en mouvement frotte contre les deux parois de cette cloison, et qu'ainsi les résistances sont les mêmes que s'il circulait dans un tuyau fermé, d'égale longueur, en frottant seulement contre les parois intérieures, puisque le frottement est proportionnel à l'étendue des parois touchées par le fluide en mouvement.

Je me proposerai le problème suivant. Construire une vis qui, sous la pression de 5 centimètres d'eau, équivalente à 38 mètres en colonne d'air, débite 4 mètres cubes d'air par seconde.

Je détermine d'abord la section transversale du canal hélicoïde, en me donnant la vitesse relative avec laquelle l'air circulera dans son intérieur; il ne faut prendre cette vitesse, ni trop grande, ni trop petite : trop grande, elle donnerait lieu à un frottement qui absorberait un travail moteur considérable; trop petite, elle conduirait à donner à l'appareil de fort grandes dimensions, et donnerait lieu d'ailleurs à une grande perte de travail, par suite de la vitesse absolue avec laquelle l'air abandonnerait la machine. Je prends donc cette vitesse égale à 29 mètres par seconde. La section transversale du canal hélicoïde devra être alors égale à $\frac{4}{29} = 0^{m.q.},1379$.

Je me donne ensuite l'inclinaison de l'hélice

moyenne sur l'axe de rotation égal à 80°. $\alpha = 80°$. r étant le rayon moyen, le pas p de la vis sera égal à $2\pi r$ cot. 80°, et la base du canal hélicoïde sera :

$$p \sin.\alpha = 2\pi r \cos.80° = 2\pi r \sin.10°.$$

Si j'appelle h la distance entre le noyau et l'enveloppe, je devrai avoir

$$2\pi r \sin.10° \times h = 0{,}1379 .$$

Pour que le frottement fût le plus petit possible, il conviendrait que cette section fût un carré, et qu'en conséquence on eût :

$$h = \sqrt{0{,}1379} = 0^m{,}37,$$

$$2\pi r \sin.10° = 0^m{,}37 \quad \text{d'où} \quad r = 0^m{,}34.$$

Le rayon du cylindre correspondant au filet moyen de l'hélice étant de $0^m{,}34$, si on en retranche la moitié de $0^m{,}37$, distance du noyau à l'enveloppe, on aura pour le rayon du noyau $0{,}34 - 0{,}185 = 0^m{,}155$.

Or, pour que la vitesse du filet moyen soit de 29 mètres, il faut, en négligeant les frottements, que la vitesse imprimée au filet moyen de la cloison, dans la rotation de la vis, soit d'environ 40 mètres, conformément au calcul que nous avons fait sur un tuyau doué d'un simple mouvement de translation. La vitesse, au noyau, serait dans ce cas, en adoptant les dimensions précédentes, égale à

$$40 \times \frac{0{,}155}{0{,}34} = 18^m.$$

Cette vitesse étant inférieure à $27^m{,}30$, un courant en sens inverse s'établirait près du noyau, ce qui doit faire rejeter les dimensions que nous venons d'essayer. Pour éviter cet inconvénient, il faut augmenter le rayon du noyau et diminuer la largeur h de la cloison, de telle sorte que la vitesse du filet moyen étant toujours de 40 mètres, la vitesse de la circonférence du noyau soit plus grande que $27^m,30$, égale par exemple à 28 mètres. On satisfera à cette condition, en établissant entre la largeur h et le rayon la relation :

$$r - \frac{h}{2} = \frac{28}{40} r = 0,7r,$$

d'où $h = 0,6r$;

puis, cette valeur de h étant portée dans l'équation,

$$2\pi r \sin. 10° \times h = 0,1379,$$

il vient :

$$2\pi \sin. 10° \times 0,6r^2 = 0,1379,$$

d'où

$$r = 0^m,459,$$
$$h = 0,2754.$$

Le rayon du noyau $r - \frac{h}{2} = 0^m,3213$.

Le rayon de l'enveloppe $r + \frac{h}{2} = 0^m,5967$.

La longueur du cylindre de la vis sera : $2\pi r$ Tang. $10° = 0^m,5085$. *Pl. IX, fig.* 4 et 5.

Pour une vitesse wr de l'hélice moyenne du filet égale à 40 mètres, la vis ferait 832 tours par minute, et débiterait à peu près 4 mèt. cubes d'air par seconde, s'il n'y avait point de résistances passives, à l'entrée de l'air dans l'appareil, et dans le parcours du canal.

Il faut actuellement voir comment ces résistances modifient le résultat, et déterminer le travail moteur qu'elles absorbent.

La hauteur perdue par le frottement de l'air dans la vis, est la même que si l'air eût circulé avec la vitesse relative qu'il possède, dans un tuyau rectangulaire immobile, de $0^m,2754$ de base sur $0^m,5007$ de hauteur, et une longueur égale au développement de l'hélice moyenne, qui est :

$$\frac{2\pi \times 0,459}{\sin.80^\circ} = 2^m,928.$$

L'expression de cette hauteur perdue est donc, en prenant pour coefficient du frottement de l'air 0,0032,

$$V^2 \times \frac{0,0032}{g} \times \frac{2(0,2754+0,5007)2,928}{0,1379} = \frac{0,1055}{g} V^2,$$

V désignant la vitesse moyenne de l'air dans l'intérieur de la vis. (Nous supposons ici que l'air frotte contre l'enveloppe qui est fixe, comme si cette enveloppe était attachée à la cloison mobile. Rigoureusement, l'air glisse sur l'enveloppe avec sa vitesse absolue ; je ne tiens pas compte de cette circonstance, pour ne pas trop compliquer la formule.)

La hauteur perdue à l'entrée de l'air dans l'appareil est exprimée par

$$\frac{V^2}{2g}\left(\frac{1}{\mu^2} - 1\right),$$

μ étant un coefficient numérique que l'on peut prendre égal au coefficient de réduction des ajutages cylindriques 0,92, de sorte que $\frac{1}{\mu^2} - 1 = 0,1815$. L'équation qui fournit la vitesse relative, en fonction de la vitesse wr imprimée à l'hélice moyenne de la cloison, est donc, en ayant égard aux résistances passives,

$$V^2 = w^2r^2 - 2gH - 2\times 0,1055\,V^2 - 0,1815\,V^2,$$

d'où

$$V=\sqrt{\frac{w^2r^2-2gH}{1,3925}}.$$

Le volume d'air aspiré dans l'unité de temps est :

$$Q=0,1379\sqrt{\frac{w^2r^2-2gH}{1,3925}}.$$

En remplaçant H par 38, $2g$ par sa valeur numérique 19,6176, il vient :

$$Q=0,1169\sqrt{w^2r^2-745,45},$$

équation qui fournira la valeur de Q en fonction de la vitesse wr, et réciproquement. Si on y fait $Q=4$ mètres cubes, on trouve $wr=43^m,78$.

En négligeant les résistances provenant de l'embouchure et du frottement, on aurait eu :

$$Q=0,1379\sqrt{w^2r^2-745,45},$$

et pour

$$Q=4,\ wr=40^m,25.$$

Observant que le rayon moyen $r=0,459$, on voit que pour débiter 4 mètres cubes d'air par seconde, la vis construite sur les données précédentes devrait faire 911 tours par minute.

En négligeant les frottements, on trouverait seulement 837 tours par minute.

Quant au travail moteur absorbé par les résistances passives dues à l'embouchure et au frottement de l'air dans la machine, il peut être calculé ainsi qu'il suit :

La hauteur perdue par les résistances passives à l'embouchure, *la contraction*, est exprimée par :

$$0,1815\frac{V^2}{2g}.$$

On a $V = 29$ mètres. Ainsi :

$$0,1815 \frac{V^2}{2g} = \ldots\ldots \quad 7^m,785.$$

La hauteur perdue par les frottements dans le canal est exprimée par :

$$0,1055 \frac{V^2}{g} = \ldots\ldots \quad 9^m,680.$$

(Ces deux hauteurs, $7^m,785$ et $9^m,680$, s'ajoutent à la hauteur 38 mètres, qui mesure l'excès de pression de l'air extérieur sur l'air aspiré par la machine. C'est donc comme si cet excès de pression était de $55^m,465$ au lieu de 38 mètres.)

L'air, en abandonnant la machine, conserve une vitesse absolue qui est la résultante de la vitesse relative V, dirigée suivant la tangente à l'hélice, et de la vitesse wr dirigée suivant la tangente à la circonférence de rayon r. Cette vitesse absolue est donc :

$$\sqrt{V^2 + w^2r^2 - 2Vwr\cos. 10^\circ}.$$

La hauteur *génératrice* de cette vitesse est en conséquence :

$$\frac{V^2 + w^2r^2 - 2Vwr\cos. 10^\circ}{2g} = \ldots\ldots \quad 13^m,10.$$

Cette hauteur s'ajoute encore aux hauteurs précédentes, car la force vive avec laquelle l'air est projeté dans l'atmosphère extérieure est évidemment perdue pour l'effet utile que l'on a en vue.

La hauteur perdue ou absorbée par les résistances provenant des frottements de l'air, et par la force vive que l'air conserve, se compose donc comme il suit :

1°	Hauteur perdue à l'embouchure. .	$7^m,785$
2°	Hauteur perdue par le frottement.	$9^m,680$
3°	Hauteur perdue par suite de la force vive finale que l'air conserve.	$13^m,100$
	Total.	$30^m,565$

La hauteur qui mesure l'excès de pression extérieure sur celle de l'air aspiré, et qui par conséquent doit être prise pour la mesure de l'effet utile de la machine, est par hypothèse de 38 mètres.

On ne doit donc attendre de la vis disposée, d'après les principes précédents, qu'un effet utile inférieur à la fraction $\frac{38}{68,565} = 0,55$ (*) du travail transmis à cette machine. Car, indépendamment du travail perdu par les frottements de l'air, il y aura encore l'influence nuisible du jeu existant entre l'enveloppe et le contour de la cloison, et le travail résistant dû aux frottements des parties solides. Il paraît raisonnable de ne pas compter sur un effet utile supérieur à 50 p. 0/0 du travail développé par la machine motrice. Si une vis semblable devait être mue par une machine à vapeur, on calculerait la force de celle-ci de la manière suivante :

Les 4 mètres cubes d'air aspirés, par seconde, ont un poids de $5^{kil.},20$. $5,2 \times 38 = 198^{kil. \times m}$ est le

(*) La vitesse $\omega r = 40^m$ de la vis n'est pas celle qui donne le plus grand effet utile de la machine. On trouve, par les principes les plus simples du calcul différentiel, qu'en partant des coefficients de la contraction et du frottement que j'ai adoptés, les valeurs correspondantes au maximum d'effet utile sont : $\omega r = 38^m,41$; $V = 22^m,90$; $Q = 3^{m.c.},18$. Le rapport maximum serait : 0,61.

travail utile par seconde. $\frac{198}{75} = 2,64$ *chevaux-vapeur*.

Eu égard seulement aux frottements de l'air et à la force vive finale qu'il conserve, cette force doit être à peu près doublée, et portée par conséquent à 5,28 chevaux. Je crois qu'il serait bon de pouvoir disposer d'une force de 6,5 à 7 chevaux, afin d'être à même d'activer au besoin la ventilation; mais il est évident qu'il serait inutile de dépasser cette dernière force, si, réellement, le bon état de l'aérage n'exige habituellement qu'un volume de 4 mètres cubes par seconde à déplacer, sous une pression de 5 centimètres d'eau (*).

J'arrive maintenant au ventilateur à force centrifuge, décrit dans mon mémoire sur l'aérage. Je compléterai sa théorie, en tenant compte de toutes les résistances passives dues au frottement de l'air dans les canaux de la machine; j'indiquerai les modifications à faire à la construction primitive, et je le comparerai à la vis aspirante ou soufflante que je viens d'étudier. Je considère la machine telle qu'elle est dessinée dans la *Pl. III*, et décrite p. 122 et suiv. de mon Traité de l'aérage, § 35. Je corrige d'abord les équations du mouvement, pour tenir compte de la contraction et du frottement de l'air. En appelant μ le coefficient de contraction à l'entrée de l'air dans les tuyaux adducteurs, que l'on peut assimiler à des ajutages cylindriques ou coniques, l'équation (1) du § 35 devient :

(*) La théorie de la vis que je viens d'exposer, est aussi celle de la machine pitotienne de Jacques Bernouilli, et de la vis d'Archimède formée d'un tube hélicoïde enroulé autour d'un noyau plein, et dont l'orifice exécuterait sous l'eau sa révolution entière. On peut voir, dans les notes sur

$$v^2 = 2\mu^2 g(h_0 - h'). \qquad (1)$$

L'équation (2), si on désigne par x la *hauteur perdue* par suite du frottement de l'air contre les parois des canaux où il circule, devra être corrigée en ajoutant au second membre le terme négatif $-2gx$. Elle devient alors :

$$u_1^2 - u_0^2 = w^2(r_1^2 - r_0^2) - 2g(h_1 - h') - 2gx, \qquad (a)$$

Or x, p. 141, même §, serait égal, pour un tuyau prismatique, où la vitesse de l'air serait uniforme et égale à u, à :

$$\frac{6}{g} \cdot \frac{\mathrm{PL}}{\mathrm{A}} u^2.$$

Je prends pour L la longueur d'une aile développée, qui est de $2^m,14$. A l'orifice d'écoulement des canaux courbes, on a :

$$\frac{\mathrm{P}}{\mathrm{A}} u^2 = \frac{2 \times 0,4254 + 2 \times 0,2927}{0,4254 \times 0,2927} u_1^2 = 53,84 u_1^2.$$

A l'orifice d'entrée, la section d'un canal courbe peut être considérée comme un rectangle dont la hauteur est de $0^m,1805$, et dont la base est l'arc de cercle compris entre deux ailes consécutives, multiplié par le sinus de $19^\circ\ 24'\ 10''$, angle que les plans tangents à l'origine des ailes forment avec la circonférence de rayon r_0 (*).

l'Architecture hydraulique de Bélidor, la théorie de ces appareils donnée par M. Navier, théorie dont la mienne diffère non-seulement parce que j'ai introduit la considération des frottements, mais aussi en d'autres points essentiels.

(*) On a mis par erreur, dans le Traité de l'aérage, p. 142, le sinus de 30°, au lieu de $19^\circ\ 24'10''$, ce qui a faussé tous les résultats numériques, qui sont corrigés ici.

Il suit de là que le périmètre de cet orifice est égal à :

$$2\times\left(0,1805+\frac{6,2832\times 0,4}{12}\sin.19^{\circ}24'10''\right)=0^{m},5005.$$

L'aire de cet orifice est :

$$0,1805\times 0,069753=0^{mm},01259.$$

Ainsi le rapport

$$\frac{P}{A}=\frac{0,5005}{0,01259}=39,75.$$

D'ailleurs, les aires des orifices d'entrée et de sortie de chaque canal mobile sont sensiblement égales entre elles, de sorte que l'on peut négliger la différence, et supposer que la vitesse de l'air est la même, et égale à u, dans toute l'étendue du canal.

En adoptant alors pour le rapport $\frac{P}{A}$ la valeur moyenne arithmétique entre 39,75 et 53,84, qui est 46,79, l'expression de la hauteur x sera :

$$x=\frac{\mathcal{6}}{g}\times 46,79\times 2,14\times u_1^2=\frac{0,3204u_1^2}{g},$$

en remplaçant $\mathcal{6}$ par 0,0032.

Substituant cette valeur de x dans l'équation (a), il vient :

$$u_1^2(1+0,6408)-u_0^2=w^2(r_1^2-r_0^2)-2g(h_1-h'). \quad (2)$$

Les équations (3) et (4) sont toujours :

$$u_0^2=v^2+w^2r_0^2-2vwr_0\cos.\mathcal{6}, \quad (3)$$

$$AV=A_1u_1. \quad (4)$$

L'équation (3) exprime que la vitesse absolue v de l'air entrant est la résultante des deux vitesses

u_0 et wr_0. Ajoutant terme à terme les équations (2) et (3), il vient :

$$1,6408u_1^2 = v^2 + w^2r_1^2 - 2g(h_1 - h') - 2vwr_0 \cos.\ 6. \qquad (b)$$

D'ailleurs de l'équation (1) on tire :

$$h' = h_0 - \frac{v^2}{2\mu^2 g}, \text{ d'où } h_1 - h' = h_1 - h_0 + \frac{v^2}{2\mu^2 g}.$$

$h_1 - h_0$ est l'excès, en hauteur d'air, de la pression atmosphérique qui s'exerce à la périphérie du ventilateur, sur la pression qui a lieu dans le réservoir d'air aspiré; cette hauteur a été calculée : elle est égale à $63^m,83$ (p. 133 du Traité de l'aérage).

Portant cette valeur de $h_1 - h'$ dans l'équation (*b*), celle-ci devient :

$$1,6408u_1^2 = v^2 - \frac{v^2}{\mu^2} - 2vwr_0 \cos.\ 6 - 2g \times 63,83 + w^2r_1^2,$$

ou bien :

$$1,6408u_1^2 + v^2\left(\frac{1}{\mu^2} - 1\right) + 2vwr_0 \cos.6 = -2g \times 63,83 + w^2r_1^2.$$

Si l'on veut que $u_1 = wr_1$, pour que la vitesse de l'air sortant soit nulle, il faut que l'on ait :

$$0,6408u_1^2 + v^2\left(\frac{1}{\mu^2} - 1\right) + 2vwr_0 \cos.\ 6 = -2g \times 63,82 \qquad (c)$$

Or Q désignant le volume d'air extrait par seconde, on a, d'après l'équation

$$(4) \qquad u_1 = \frac{Q}{A_1} \quad \text{et} \quad v = \frac{Q}{A}.$$

A_1 est égal à $0^{mm},14945$ d'après la construction du ventilateur. Si on laisse l'angle 6 arbitraire, on a, en général :

$$A = 2\pi r_0 \times e_0 \sin.\ 6,$$

e_0 étant la hauteur interne des ailes; ou en remplaçant r_0 et e_0 par leurs valeurs 0,40 et 0,1805 :

$$A=6.2832\times 0,4\times 0,1805 \sin. \beta=0,45365 \sin. \beta.$$

Substituant ces valeurs de u_1 et v dans l'équation (c), où nous ferons en même temps $\mu=0,92$, $2g=19,6176$, elle devient, les calculs numériques effectués autant que possible,

$$Q^2\left(2869+\frac{0,8819}{\sin.^2\beta}\right)+2Qw\cot.\beta\times 0,8817=-1252,18 \quad (d)$$

En nous donnant la condition $u_1=wr_1$, et toutes les dimensions du ventilateur, le problème a été complétement déterminé; c'est-à-dire que le volume Q, la vitesse w et l'angle β se trouvent complétement déterminés. En effet, de la relation $u_1=wr_1$, il s'ensuit :

$$w=\frac{Q}{A_1\times r_1}=\frac{Q}{0,14945\times 0,83}=\frac{Q}{0,12404}.$$

Cette valeur de w étant portée dans l'équation (d), celle-ci devient :

$$Q^2\left(28,69+\frac{0,8819}{\sin.\beta}+14,2161\cot.\beta\right)=-1252,18\,, \quad (A)$$

équation qui renferme Q et β comme inconnues.

Mais l'équation (3), qui exprime que la vitesse absolue v est la résultante des deux vitesses u_0 et wr_0, peut être remplacée par une autre plus simple, lorsque le tracé du ventilateur est connu, comme dans le cas actuel. En effet, la vitesse v, dans la *fig.* 3, *Pl. IX*, étant la résultante de la vitesse u_0, dirigée suivant CA, et de la vitesse wr_0 suivant AD, la projection de la résultante sur la direction EAD, doit être égale à la somme algébrique des projections de ses deux composantes. Or, comme l'on a : l'angle

$$CAD=180^\circ-19^\circ 24'10''=160^\circ 35'50'' \text{ et l'angle } BAD=\beta,$$

il vient :

$$v \cos.6 = wr_0 + u_0 \cos. 160°35'50''. \qquad (M)$$

Or

$$v = \frac{Q}{A} = \frac{Q}{0,45365 \sin.6},$$

$$u_0 = \frac{Q}{0,45365 \sin. 160°35'50''},$$

$$wr_0 = \frac{Q}{0,12404} \times r_0 = Q \times \frac{0,4}{0,12404}.$$

Substituant ces valeurs dans l'équation (M), et supprimant le facteur Q commun à tous les termes, elle devient :

$$\frac{\cot.6}{0,45365} = \frac{0,4}{0,12404} + \frac{\cot. 160°35'50''}{0,45365},$$

d'où l'on tire, tout calcul fait : Cot. $6 = -1,3763$; et l'angle $6 = 144°$ dont le supplément est de 36°.

C'est précisément l'angle des cloisons que j'avais fixé, dans mon Mémoire sur l'aérage. La grandeur de cet angle est en effet indépendante des frottements que j'avais négligés, et même de la hauteur de pression ; elle ne dépend que du rapport des rayons r_0 et r_1, du rapport des orifices A et A_1, et de l'inclinaison initiale des ailes. Il reste à vérifier, si cette valeur de l'angle 6 substituée dans l'équation (A) fournira pour Q, une valeur réelle. Or, en opérant la substitution, on trouve, toute réduction faite :

$$Q^2 \times 13,677 = -1252,18,$$

équation qui donne une valeur de Q imaginaire.

Cela montre qu'il est impossible de réaliser, avec le ventilateur tel que je l'avais construit, en négligeant l'influence des frottements, la double condition que la vitesse de l'air sortant soit nulle, et que l'air entre sans choc dans les canaux courbes; cela n'a rien de surprenant, lorsque l'on voit que l'influence des frottements, dans l'hypothèse admise d'un débit de 8 mètres cubes par seconde, absorberait une hauteur plus que double de celle qui mesure l'excès de compression de l'air atmosphérique sur l'air aspiré. En effet, pour Q=8 mètres cubes, on a $u_1=67^m,39$, et la hauteur perdue par le frottement :

$$\frac{0,3204\,u_1^2}{g}=145^m.$$

L'interruption des ailes, que j'ai indiquée dans le traité de l'aérage, serait un palliatif peu efficace à cet inconvénient. Il convient donc de changer le tracé du ventilateur, de façon à atténuer l'influence nuisible du frottement de l'air dans la machine. Le moyen d'y parvenir consiste principalement à diminuer la longueur des ailes, et la différence des rayons intérieur et extérieur r_0 et r_1; mais alors il devient impossible, ou du moins fort difficile, de satisfaire à la condition $u_1=wr_1$, c'est-à-dire de rendre nulle la vitesse absolue de l'air, à la sortie de la machine. On peut seulement rendre la force vive due à cette vitesse, une petite fraction du travail moteur total; et comme l'air peut alors entrer dans les canaux mobiles, avec une vitesse dirigée suivant les rayons aboutissant à l'axe, la machine peut se passer des tuyaux adducteurs ou cloisons directrices fixes intérieures, ce qui simplifie beaucoup sa construction.

Voici du reste trois exemples qui se rapportent à des valeurs très-différentes de l'excès de la pression extérieure sur la pression intérieure, et qui embrassent à peu près tous les cas, dans lesquels le ventilateur est employé comme machine aspirante, et même comme machine soufflante.

Premier exemple.

Je me propose d'abord la construction d'un ventilateur aspirant, capable d'aspirer 8 mètres cubes d'air par seconde, l'excès de la pression extérieure sur la pression intérieure étant mesuré par le poids d'une colonne d'air de $63^{m},83$ de hauteur verticale. (Ce sont les chiffres qui résultent de mes observations sur la mine de houille de l'Espérance, et par conséquent la machine actuelle serait destinée à remplacer celle qui est décrite dans le § 35 de mon Mémoire sur l'aérage.)

Je me donne la condition que la vitesse absolue de l'air entrant soit dirigée suivant les rayons aboutissant à l'axe de la machine; je néglige d'abord toutes les résistances passives que j'introduirai plus tard dans le calcul. L'angle 6 compris entre la direction de la vitesse absolue de l'air entrant, et la tangente à la circonférence de rayon r_0, étant droit, son cosinus est nul, et j'ai les quatre équations suivantes, qui remplacent les équations du § 34 du mémoire cité,

$$v^2 = 2g(h_0 - h') \qquad (1)$$

$$u_0^2 = v^2 + w^2 r_0^2 \qquad (2)$$

$$u_1^2 - u_0^2 = w^2(r_1^2 - r_0^2) - 2g(h_1 - h') \qquad (3)$$

$$Av = A_1 u_1 = 8. \qquad (4)$$

Les notations sont les mêmes que celles qui ont été employées précédemment.

L'équation (2) exprime que la vitesse v est la

résultante des deux vitesses u_0 et wr_0, et qu'en conséquence, il n'y a point de choc à l'entrée de l'air dans la machine. La résultante est ici perpendiculaire à la composante wr_0. L'excès de la pression extérieure sur la pression intérieure est d'ailleurs exprimée, *en colonne d'air*, par $h_1 - h_0$.

En ajoutant les trois équations (1), (2) et (3) membre à membre, il vient, toute réduction faite :

$$u_1^2 = w^2 r_1^2 - 2g(h_1 - h_0) = w^2 r_1^2 - 2gH, \qquad (a)$$

en appelant H l'excès de pression $(h_1 - h_0)$.

C'est l'équation à laquelle conduit la théorie ordinaire des roues à réaction, *roues de Segner*, dans laquelle on suppose que les tuyaux mobiles sont prolongés jusqu'à l'axe de rotation; on voit qu'en négligeant toutes les résistances passives, cette équation convient encore, quelle que soit la distance à l'axe, de l'origine des canaux mobiles, et sans supposer que le fluide qui circule dans la machine prenne aucun mouvement de rotation, dans l'ouverture centrale, pourvu que le fluide entre sans choc dans les canaux mobiles.

Si les canaux courbes sont tangents au contour extérieur du ventilateur, la vitesse relative u_1 est directement opposée à la vitesse de rotation wr_1, et la vitesse absolue du fluide sortant est égale à $wr_1 - u_1$. La hauteur génératrice de cette vitesse est $\frac{(wr_1 - u_1)^2}{2g}$. Elle ne saurait jamais être nulle, puisque d'après l'équation (a), wr_1 est évidemment toujours supérieur à u_1. On peut s'imposer la condition que la hauteur *génératrice* de la vitesse absolue de l'air soit une fraction donnée, $\frac{1}{9}$ par exemple, de la hauteur totale

H. Cette condition sera exprimée par l'équation :

$$\frac{(wr_1 - u_1)^2}{2g} = \frac{1}{9}\,\text{H},$$

d'où

$$wr_1 - u_1 = \frac{1}{3}\sqrt{2g\text{H}}. \qquad (b)$$

Cette dernière équation exprime évidemment que la demi-force vive conservée par l'air sortant n'est que $\frac{1}{9}$ du poids de l'air multiplié par la hauteur H, ce qui doit être appelé, et est réellement le *travail utile* de la machine.

Des deux équations (*a*) et (*b*) on tire, sans difficulté, les valeurs de wr_1 et de u_1, en fonction de H, savoir :

$$wr_1 = \frac{5}{3}\sqrt{2g\text{H}},$$

$$u_1 = \frac{4}{3}\sqrt{2g\text{H}}.$$

Remplaçant $2g$ par la valeur numérique 19,6176, H par sa valeur particulière, dans l'exemple que nous traitons, $63^{m},83$, il vient :

$$wr_1 = 58^{m},985$$
$$u_1 = 47^{m},188.$$

Le volume d'air débité devant être de 8 mètres cubes par seconde, j'en conclus que la somme des aires des orifices d'écoulement des canaux mobiles doit être égale à $\dfrac{8}{47,188}$ et qu'ainsi :

$$\text{A}_1 = 0^{\text{m.car.}},1695.$$

Si je désigne par α l'angle compris entre la tangente à la circonférence de rayon r_0 et la tangente à l'origine de chacune des ailes courbes, la projection de la vitesse relative u_0 sur la tangente à la circonférence de rayon r_0, sera évidemment u cos. α; or, puisque la résultante de la vitesse u_0 et de la vitesse de rotation wr_0 doit être normale à la circonférence de rayon r_0, il faut que l'on ait la relation :

$$u_0 \cos. \alpha = wr_0 \qquad (m)$$

et cette équation équivaut à l'équation (2) $u_0^2 = v^2 + w^2 r^2_0$ qu'elle peut remplacer.

D'un autre côté, si je désigne par L la largeur du ventilateur, dans le sens parallèle à l'axe, à la circonférence intérieure, l'aire de la surface cylindrique à laquelle aboutissent les ailes intérieurement sera égale à $2\pi r_0 \times L$. C'est cette aire qui est désignée par A dans l'équation (4). Si l'on admet que la vitesse relative de tous les filets d'air, à leur entrée dans les canaux mobiles, forme, avec les tangentes à la circonférence de rayon r_0, le même angle α que les ailes, la somme des aires des orifices par lesquels l'air entre dans les canaux mobiles sera égale à la surface cylindrique $2\pi r_0 \times L$, multipliée par le sinus de l'angle α; par conséquent, la vitesse relative, à l'entrée des canaux mobiles, s'obtiendra en divisant le volume d'air total par $2\pi r_0$L sin. α. On aura donc :

$$u_0 = \frac{8}{2\pi r_0 L \sin. \alpha}. \qquad (n)$$

Or, la valeur que l'on peut attribuer à L, n'est point tout à fait arbitraire. Il faut, en effet, que l'aire de l'ouverture centrale que l'air doit franchir. avant de s'étaler en une nappe perpendiculaire à l'axe, pour arriver à la surface cylindrique de rayon r_0, soit au moins aussi grande que cette dernière surface ; autrement l'air aurait à franchir une ouverture rétrécie, un étranglement, ce qui ne pourrait que nuire; la surface circulaire d'entrée ayant pour rayon *maximum* r_0, il faut que l'on ait $\pi r_0^2 =$ ou $> 2\pi r_0 L$.

Nous prendrons $\pi r_0^2 = 2\pi r_0 L$ parce qu'il faut, pour augmenter les dimensions des canaux mobiles et diminuer en conséquence les frottements, que L soit le plus grand possible. Il suit de là, que l'on aura $L = \frac{r_0}{2}$ et que l'équation (n) devient :

$$u_0 = \frac{8}{\pi r_0^2 \sin. \alpha}. \qquad (n')$$

Des deux équations (m) et (n'), on tire sans difficulté, en éliminant u_0,

$$\text{tang.} \alpha = \frac{8}{\pi w r_0^3}, \qquad (c)$$

et en éliminant l'angle α :

$$r_0^6 - \frac{u_0^2}{w^2} r_0^4 + \frac{64}{\pi^2 w^2} = 0. \qquad (d)$$

L'angle α et le rayon r_0 seraient complétement déterminés par ces dernières équations, si l'on se donnait la vitesse angulaire w et la vitesse relative u_0.

La vitesse angulaire w ne dépend plus que du rayon extérieur r_1, puisque déjà nous avons $wr_1 = 58^m,985$. Quant à la vitesse u_0, il faut qu'elle soit tout au plus égale à u_1, ou $47^m,188$, pour que les canaux mobiles n'aillent pas en s'élargissant du centre à la circonférence, et qu'on soit sûr que l'air remplira la section des canaux mobiles, dans toute leur étendue. Dans les diverses valeurs que l'on peut prendre pour les quantités r_1 et

u_0, qui demeurent arbitraires, il importe, comme on le verra par la suite de la discussion, de s'arrêter à celles qui donnent pour α un assez petit angle, et pour le rayon r_0 la valeur la moins écartée de r_1.

Cette dernière condition exige que l'on prenne pour u_0 la plus grande valeur possible, c'est-à-dire sa limite supérieure; car de l'équation (d), il résulte évidemment que r_0 doit être plus petit que $\frac{u_0}{w}$, et par conséquent r_0 diminuera avec la vitesse u_0, quand la vitesse angulaire w sera supposée connue. Il ne reste donc plus d'arbitraire, maintenant, que le rayon extérieur r_1. Je l'ai pris égal à $0^m,60$, ce qui donne

$$w = \frac{58^m,985}{0,6} = 98^m,31\ ;$$

posant d'ailleurs $u_0 = u_1 = 47^m,188$, il vient pour l'équation (d)

$$r_0^6 - 0,2304 r_0^4 + 0,0006709 = 0\ ;$$

la valeur de r_0 qui y satisfait est comprise entre $0^m,47$ et $0^m,46$; adoptant cette dernière valeur, inférieure à la racine de l'équation (d), l'équation (c) donne :

$$\log.\ \text{tang}.\alpha = 9,42506\ ,$$

à quoi correspond un angle α de $14° 54'$.

On a ensuite par l'équation (m) :

$u_0 = 46^m,796$, valeur un peu plus petite que u_1, comme cela devait être.

Le nombre des ailes demeure seul arbitraire. Pour atténuer l'influence des frottements, il importe de donner à chaque aile la moindre longueur possible, et pour cela il faut que les ailes ne se recouvrent pas l'une l'autre, ou du moins ne se recouvrent que sur une très-petite partie de leur étendue, c'est-à-dire que l'origine d'une aile sur la circonférence de rayon r_0, et l'extrémité de l'aile précédente sur la circonférence extérieure, doivent correspondre à peu près à un même rayon de l'une et de l'autre circonférence, ainsi qu'on le voit dans la *Pl. IX*. Si les ailes sont ainsi tracées, la longueur de la perpendiculaire abaissée de l'extrémité d'une aile, sur la convexité de l'aile suivante, sera évidemment égale à

$$(r_1 - r_0) \times \cos.\alpha.$$

Si d'ailleurs n est le nombre total des ailes, et si L' désigne la hauteur des ailes, dans le sens parallèle à l'axe, à la circonférence extérieure du ventilateur, la somme des aires des orifices d'écoulement sera exprimée par $nL'(r_1 - r_0)\cos.\alpha$, et l'on devra avoir :

$$nL'(r_1 - r_0)\cos.\alpha = A_1 = 0^{m.q.},1695\,;$$

or

$$r_1 - r_0 = 0^m,60 - 0^m,46 = 0^m,14,$$
$$\cos.\alpha = 14°54';$$

on a en conséquence

$$nL' = 1^m,2528.$$

Il est commode, pour la construction, que la hauteur L' soit à peu près égale à la hauteur L des ailes, à la circonférence intérieure, et par conséquent que L' diffère aussi peu que possible de $0^m,23$. Il en sera ainsi si l'on prend le nombre des ailes égal à 6, ce qui donnera L' = 0,2088.

Nous avons donc en résumé les dimensions suivantes :

$$r_1 = 0^m,6\,;\ r_0 = 0,46\,;\ L = 0,23\,;\ n = 6\,;\ L' = 0,2088\,;$$
$$\alpha = 14°54'\,;$$

qui déterminent entièrement le tracé de la machine. Nous savons de plus que la vitesse angulaire étant égale à $58^{m},985$, le volume d'air débité par seconde, en négligeant les résistances dues à la contraction et au frottement de l'air, serait de 8 mètres cubes.

Les *fig*. 6 et 7, *Pl. IX*, représentent le ventilateur tracé d'après les données précédentes. Après avoir décrit, *fig*. 7, deux circonférences concentriques de rayons égaux à $0^{m},46$ et $0^{m},60$, on divise l'une d'elles en six parties égales, et l'on mène aux points de division six rayons que l'on prolonge jusqu'à la circonférence extérieure. A chacun des points de division de la circonférence intérieure, on mène une droite inclinée sur la tangente d'un angle de 14° 54′, ou faisant avec le rayon un angle de 104° 54′. Ces droites sont les tangentes à l'origine des ailes, qui doivent d'ailleurs toucher la circonférence extérieure à l'extrémité du rayon suivant, de façon que chacune d'elles est comprise entre deux rayons consécutifs. La courbe est d'ailleurs arbitraire. Le plus simple est de la former, comme dans la *fig*. 7, d'un bout de ligne droite dans la partie voisine de la circonférence intérieure, et ensuite d'un arc de cercle.

Le tracé du profil *fig*. 6, ne présente aucune difficulté.

Examinons actuellement de quelle manière les frottements et la contraction modifient les résultats qui précèdent.

L'air, en franchissant la circonférence de rayon r_0, avec la vitesse v, doit éprouver les mêmes résistances qu'il rencontre à son entrée dans un ajutage cylindrique. La vitesse v doit donc être seulement les 0,92 environ de la vitesse théorique, et par conséquent l'équation (1) doit être remplacée par celle-ci :

$$v^2 = 2\mu^2 g(h_0 - h'), \quad \text{où} \quad \mu^2 = \overline{0,92}^2.$$

La hauteur perdue par les résistances qui produisent la réduction de vitesse est

$$\left(\frac{1}{\mu^2} - 1\right)\frac{v^2}{2g} = 0,1815\,\frac{v^2}{2g}.$$

La hauteur perdue par le frottement de l'air contre les parois des ailes ou des canaux courbes, est proportionnelle au carré de la vitesse relative u_1, qui est sensiblement la même dans toute l'étendue des ailes, au rapport du périmètre à l'aire de la section transversale du canal, et à la longueur du canal. En appelant p le périmètre, a l'aire de la section transversale, l la longueur du canal, β le coefficient numérique qui, d'après les expériences de M. d'Aubuisson, est égal à 0,0032, l'expression de cette hauteur perdue est :

$$\frac{2\beta\frac{p}{a} \times l}{2g} \times u_1^2.$$

Ici le périmètre p et l'aire a sont à peu près constants, ainsi que la vitesse u_1, dans toute l'étendue du canal. La section transversale peut être en effet considérée comme un rectangle dont la surface est égale à

$$\frac{0,1695}{6} = 0^{\text{m.car.}},02825,$$

et dont la hauteur est intermédiaire entre $0^{\text{m}},23$ et $0^{\text{m}},2088$, de sorte que la hauteur moyenne est $0^{\text{m}},2194$; la base sera

$$\frac{0,^{\text{m.car.}},02825}{0,2194} = 0^{\text{m}},12876;$$

on a donc moyennement :

$$\frac{p}{a}=\frac{2(0,2194+0,12876)}{0,02825}=24,65\,;$$

la longueur l est à peu près égale à $\frac{1}{6}$ de la circonférence extérieure dont le rayon est de $0^m,60$; on peut donc poser $l=0^m,62832$.

Portant ces valeurs numériques, ainsi que celle de $6=0,0032$, dans l'expression de la hauteur perdue, on a :

$$\frac{26\frac{p}{a}\,lu_1^2}{2g}=\frac{0,099124}{2g}u_1^2.$$

S'il y a choc à l'entrée de l'air dans les canaux mobiles, cela donnera lieu à une perte de forces vives qui, évaluée d'après le théorème de Carnot, sera égale à la demi-force vive due à la vitesse perdue ou gagnée; or le carré de la vitesse perdue ou gagnée sera égal à

$$(wr_0-u_0\cos.\alpha)^2,$$

et par conséquent la hauteur perdue sera la hauteur due à cette vitesse, c'est-à-dire

$$\frac{(wr_0-u_0\cos.\alpha)^2}{2g}.$$

L'équation qui donnera la vitesse relative u_1 de l'air sortant, en ayant égard aux frottements, s'obtiendra en substituant dans l'équation

$$u_1^2=w^2r_1^2-2gH,$$

à la hauteur effective H; cette hauteur augmentée des sommes des hauteurs perdues par *la contraction*, le frottement et le choc à l'entrée des canaux mobiles, l'équation corrigée sera donc :

$$u_1^2 = w^2 r_1^2 - 2gH - 0{,}099124\,u_1^2 - (wr_0 - u_0 \cos.\alpha)^2 - 0{,}1815\,v^2.$$

Or, d'après la construction du ventilateur, on a : $u_0 = u_1$. La vitesse v est d'ailleurs égale à $u_0 \sin.\alpha = u_1 \sin.\ 14° 54'$. L'équation précédente ne renferme donc, quand on a substitué à H, r_0, r_1, α, leurs valeurs numériques, que les deux quantités u_1 et w dont l'une dépend de l'autre. On a, après cette substitution :

$$2{,}0450065\,u_1^2 - 2 \times 0{,}44454\,wu_1 = 0{,}1484\,w^2 - 1252{,}19,$$

d'où l'on tire :

$$w = -2{,}9955\,u_1 + \sqrt{22{,}7534\,u_1^2 + 8437{,}938}. \qquad \text{(A)}$$

Si l'on veut que le ventilateur débite 8 mètres cubes d'air par seconde, volume pour lequel il a été projeté, il faudra que u_1 soit égal à $47^m,188$. Or si l'on remplace, dans l'équation (A), u_1 par cette valeur, on trouve pour la vitesse angulaire qui doit être imprimée à la machine :

$$w = 101^m,76.$$

Ainsi la vitesse angulaire nécessaire pour extraire le volume d'air voulu, sera de $101^m,76$, au lieu de $98^m,31$, vitesse trouvée quand on ne tient pas compte des frottements. A cette vitesse correspondent 971 révolutions du ventilateur par minute.

Nous pouvons maintenant évaluer le travail moteur absorbé par les résistances passives, et par la force vive due à la vitesse absolue avec laquelle l'air est rejeté dans l'atmosphère : 1° la vitesse absolue de l'air, quand il abandonne la machine, est la résultante de la vitesse relative $u_1 = 47^m,188$ et de la vitesse de rotation $wr_1 = 61^m,056$ de l'extrémité des ailes. Les directions de ces deux vitesses ne sont point tout à fait opposées. Elles comprennent entre elles un angle obtus dont le supplément est égal à l'angle $\alpha = 14° 54'$.

Le carré de la vitesse absolue que l'air conserve est donc $w^2r_1^2 + u_1^2 - 2u_1wr_1 \cos. 14°, 54'$, et la hauteur génératrice de cette vitesse, qui mesure le travail dépensé en pure perte, est :

$$\frac{w^2r_1^2 + u_1^2 - 2u_1wr_1\cos.15°54'}{2g} \ldots\ldots\ldots = 19^m,677\ ;$$

2° La hauteur absorbée par les résistances dues à la contraction est exprimée, ainsi que nous l'avons vu, par :

$$\frac{0,1815\,v^2}{2g} = \frac{0,1815u_1^2\sin.^2 14°54'}{2g} \ldots\ldots\ldots = 1^m,362\ ;$$

3° La hauteur perdue par le frottement de l'air contre les ailes et les parois des canaux mobiles, est :

$$\frac{0,099124u_1^2}{2g} \ldots\ldots\ldots\ldots\ldots\ldots = 11^m,252\ ;$$

4° La force vive perdue par le choc à l'entrée de l'air dans les canaux mobiles, correspond à une hauteur perdue exprimée par :

$$\frac{(wr^0 - u_1\cos.14°54')^2}{2g} \ldots\ldots\ldots = 0^m,074\ ;$$

5° Enfin, le frottement de l'air contre les disques tournants du ventilateur donne lieu à un travail résistant, équi-

A reporter. . . $32^m,365$

Report. . . . . . $32^m,365$

valant à un accroissement de la hauteur H, exprimé par : (1)

$$\frac{86\frac{\pi}{5}w^3r_1^5}{2g\times 8}\ldots\ldots\ldots\ldots\ldots\ldots = 8^m,396\,;$$

Somme égale à la hauteur totale perdue par les résistances passives dues aux frottements de l'air. . . . . $40^m,761$

La hauteur *utile*, celle qui mesure l'excès de pression de l'air extérieur sur l'air aspiré, est de $63^m,83$. Le rapport de l'effet utile au travail transmis à la machine, abstraction faite des résistances passives provenant du frottement entre les parties solides de la machine, sera donc égal à :

$$\frac{63,83}{104,591}=0,61.$$

Mais ce n'est pas là le rapport maximum de l'effet utile au travail transmis à la machine, qu'il soit possible d'obtenir. En effet, si l'on fait varier la vitesse angulaire w, la vitesse u_1 variera en même temps, et dans le même sens, et la vitesse la plus convenable sera celle pour laquelle le rapport

$$\frac{2gH}{2gH+w^2r_1^2+u_1^2-2u_1wr_1\cos.14^\circ54'+0,1815u_1^2\sin.^2 14^\circ54'+0,099124u_1^2+(wr_0-u_1\cos.14^\circ54')^2+\frac{86\frac{\pi}{5}w^3r_1^5}{A_1u_1}},$$

sera un minimum.

---

(1) Cette augmentation du travail résistant est celle

u_1 pouvant être exprimé en fonction de w au moyen de l'équation (A), on voit qu'on obtiendrait la valeur la plus convenable de w, en égalant à o le coefficient différentiel de l'expression précédente, pris en considérant w comme variable. On serait ainsi conduit à une équation compliquée de degré supérieur, qu'il faudrait résoudre numériquement, et il est plus simple d'essayer diverses valeurs de la vitesse relative u_1, de calculer les valeurs correspondantes de w, et ensuite la somme des hauteurs perdues, qui doit être la plus petite possible. J'essaye d'abord une valeur de u_1 égale à 30 mètres. Le volume d'air débité par seconde sera égal à $30 \times 0{,}1695 = 5^{m.c.},085$ par seconde.

La valeur correspondante de la vitesse angulaire w, calculée en substituant dans l'équation (A) le nombre 30 à la place de u_1, est :

$$w = 80^{m},182\,, \quad \text{d'où} \quad wr_1 = 48^{m},1092\,;$$

à cette vitesse correspondent 766 révolutions du ventilateur par minute.

On a ensuite pour la somme des hauteurs perdues :

---

qui provient du frottement des disques du ventilateur contre l'air. Elle est évaluée, en supposant toujours la résistance du frottement proportionnelle au carré de la vitesse, et en suivant la méthode employée par M. Poncelet dans son mémoire sur les turbines de M. Fourneyron, imprimé parmi ceux de l'Académie des sciences.

$$\frac{w^2r_1^2+u_1^2-2u_1wr_1\cos.14°54'}{2g} \ldots\ldots = 23^m,937$$

$$\frac{0,1815u_1^2\sin.^2 14°54'}{2g} \ldots\ldots\ldots\ldots = 0^m,491$$

$$\frac{0,099214u_1^2}{2g} \ldots\ldots\ldots\ldots\ldots\ldots = 4^m,548$$

$$\frac{(wr_0-u_1\cos.14_054')^2}{2g} \ldots\ldots\ldots\ldots = 3^m,176$$

$$\frac{86\frac{\pi}{5}\,w^3r_1^5}{2g\times 5,085} \ldots\ldots\ldots\ldots\ldots\ldots = 6^m,464$$

Hauteur perdue totale. . . . . . $38^m,616$

Le rapport de l'effet utile au travail transmis à la machine est donc alors égal à

$$\frac{63,83}{102,446}=0,62.$$

Pour $u_1 = 40^m$, vitesse à laquelle correspond un débit d'air de $6^{m.c.},78$ par seconde, on trouve $w=91^m,93$. $wr_1=55^m,158$. Le ventilateur doit faire 878 révolutions par minute.

On a pour la somme des hauteurs perdues

$$\frac{w^2r_1^2+u_1^2-2u_1^2wr_1\cos.14°54'}{2g} \ldots\ldots = 19^m,275$$

$$\frac{0,1815u_1^2\sin.^2 14°54'}{2g} \ldots\ldots\ldots\ldots = 0^m,979$$

$$\frac{(wr_0-u_1\cos.14°54')^2}{2g} \ldots\ldots\ldots\ldots = 0^m,673$$

A reporter......... $20^m,92$

Report. . . . . . $20^m,927$

$$\frac{0,099214\,u_1^2}{2g} \ldots\ldots\ldots\ldots = 8^m,086$$

$$\frac{86\,\frac{\pi}{5}\,w^3 r_1^5}{2g \times 6,78} \ldots\ldots\ldots\ldots = 7^m,306$$

Somme totale. . . . . $36^m,319$

Le rapport de l'effet utile au travail transmis au ventilateur est donc, dans ce dernier cas, égal à :

$$\frac{63,83}{100,149} = 0,63,$$

valeur peu différente de celle qui correspond à $u_1 = 30^m$. Il est clair d'après cela que le maximum se trouve entre les vitesses angulaires de 91^m, 93 et 80^m, 182, auxquelles correspondent des volumes d'air extraits de $6^{m.c.}$, 78 et $5^{m.c.}$, 085 par seconde, et que le rapport de l'effet utile au travail dépensé, entre ces limites, demeure constamment supérieur à $\frac{60}{100}$.

Deuxième exemple.

Dans la ventilation des magnaneries, des lieux d'habitation, le volume d'air qu'il faut déplacer est le plus habituellement de 1 à 2 mètres cubes au plus par seconde, et si l'on a pris les dispositions convenables, pour la distribution de l'air, l'excès de la pression extérieure sur la pression de l'air intérieur est à peine sensible. C'est à ce cas que s'applique le ventilateur dont je vais actuellement déterminer les dimensions, et qui est représenté dans les *fig.* 1 et 2, *Pl. X*. Je me donne les conditions suivantes. Extraire 2 mètres cubes d'air par seconde, sous un excès de pression mesuré par une colonne d'air de 2 mètres de hauteur. On a alors $H = 2$;

$$\sqrt{2gH} = 6,26 ;$$

et en s'imposant toujours la condition que la différence $wr_1 - u_1$ des vitesses de l'extrémité des ailes et d'écoulement de l'air, soit *due* à une hauteur égale seulement à $\frac{1}{9}$ de la hauteur H, on a, pour déterminer wr_1 et u_1, les deux équations

$$u_1^2 = w^2 r_1^2 - 2g \times 2 \quad \text{et} \quad (wr_1 - u_1)^2 = \frac{1}{9}\, 2g \times 2,$$

d'où

$$wr_1 = \frac{5}{3} \times 6,26 = 10^m,43 ,$$

et

$$u_1 = \frac{4}{3} \times 6,26 = 8^m,35 ,$$

les équations (m) et (n) deviennent en conséquence :

$$u_0 \cos.\alpha = wr_0$$

$$u_0 = \frac{2}{2\pi r_0 L \sin.\alpha}.$$

Posant

$$L = \frac{r_0}{2}, \quad \text{et} \quad u_0 = u_1 = 8^m,35 ,$$

et prenant le rayon extérieur $r_1 = 0^m, 60$, ce qui donne

$$w = \frac{10,43}{0,6} = 17^m,3833 ,$$

on a, pour déterminer le rayon r_0, l'équation

$$r_0^6 - \frac{u_1^2}{w^2} r_0^4 + \frac{4}{\pi^2 w^2} = 0;$$

laquelle devient, en substituant les valeurs numériques précédentes :

$$r_0^6 - \overline{0,4803}^2 r_0^4 + 0,001341 = 0.$$

elle est satisfaite par une valeur de r_0 comprise entre $0^m,45$ et $0^m,44$. Je pose donc

$$r_0 = 0^m,44; \quad \text{d'où} \quad L = 0^m,22,$$

Je calcule ensuite l'angle α par la formule :

$$\text{tang.}\alpha = \frac{2}{\pi w r_0^3},$$

qui me donne :

$$\text{Clog.tang.}\alpha = 9,63340,$$

ce qui correspond à un angle α de $23° \ 16'$.

Puis, l'équation $u_0 \cos.\alpha = w r_0$, me donne, en y portant les valeurs de r_0, w et α : $u_0 = 8^m, 325$, valeur sensiblement égale à $8^m, 35$.

J'ai ensuite pour déterminer le nombre des ailes et la hauteur de ces ailes à la circonférence extérieure :

$$n L' (r_1 - r_0) \cos.\alpha = A_1 = \frac{2}{u_0} = 0^{m.car.},2395,$$

d'où

$$n L' = \frac{0,2395}{0,16 \cos.23°16'} = 1^m,629;$$

Si on prend $n = 7$, on a $L' = 0^m, 2327$.

Cette valeur de L' diffère peu de L et conduit à une forme de ventilateur facile à exécuter.

On a tracé, d'après ces données, le ventilateur *fig.* 1 et 2, *Pl. X*; l'excès de pression H étant ici très-faible, on a indiqué que la couronne plane inférieure n'est point fixée aux tranches des ailes. Cette couronne est donc fixe, et sa face interne est rasée par les tranches des ailes, en ménageant simplement le jeu indispensable, pour qu'elles ne viennent pas frotter contre elle. Pour tenir compte des frottements de l'air contre les parties solides de la machine, je calcule d'abord l'expression

$$2b\frac{p}{a}\times l.$$

a est sensiblement constant et égal à

$$\frac{0,2395}{7}=0^{\text{m.car.}}03421.$$

La base de la section transversale rectangulaire a, égale à la hauteur des ailes, varie de $0^{\text{m}}, 232$ à $0^{\text{m}},22$. Je suppose qu'elle soit partout égale à $0^{\text{m}},232$, ce qui augmente le périmètre et tend à exagérer le frottement, l'autre dimension du rectangle sera égale à

$$\frac{0,03421}{0,232}=0^{\text{m}},147.$$

La longueur l est à peu près égale au septième du développement de la circonférence extérieure de $0^{\text{m}},60$ de rayon ; j'adopte cette longueur qui est de $0^{\text{m}}, 53856$, et j'ai en conséquence :

$$2b\frac{p}{a}\times l=2\times 0,0032\times\frac{2(0,147+0,232)}{0,03421}\times 0,53856= 0,076538;$$

l'équation du mouvement de l'air, en ayant égard aux frottements, est en conséquence :

$$u_1^2=w^2r_1^2-2g\times 2-0,076538u_1^2-(wr_0-u_1\cos.\,23^\circ 16')^2 -0,1815u_1^2\sin.^2 23^\circ 16';$$

laquelle, après la substitution des valeurs numériques de r_0, r_1, u_1 et g devient :

$$1,948824u_1^2 - 2wu_1 \times 0,40421 = 0,1664w^2 - 39,2352 ,$$

d'où :

$$w = -2,42915u_1 + \sqrt{17,6126u_1^2 + 235,7885} ,$$

en y faisant d'abord $u_1 = 8^m, 35$, ce qui est la vitesse correspondante à un débit d'air de 2 mètres cubes par seconde, on trouve :

$$w = 18^m,024 , \quad \text{au lieu de } 17^m,3833.$$

A cette valeur de w correspondent 172 révolutions du ventilateur par minute.

La hauteur absorbée par les frottements de l'air, etc., calculée comme dans l'exemple précédent, est de $1^m,621$; la hauteur utile étant de 2 mètres, le rapport de l'effet au travail transmis au ventilateur est ici seulement égal à

$$\frac{2}{3,621} = 0,552 ,$$

Pour $u_1 = 5$ on a $w = 13, 874$ (132 tours par minute). Le volume d'air extrait est de $1^{m.c.},197$ par seconde.

La hauteur absorbée par les frottements , etc., est de $1^m,30$.

Le rapport de l'effet utile au travail transmis est égal à 0,606.

Pour $u_1 = 4$, $w = 13^m, 03$ (124 tours par minute).

Le volume d'air extrait est de $0^{m.cub.},958$ par seconde, et la hauteur perdue de $1^m,45$. Le rapport de l'effet utile au travail transmis est 0, 580.

Ainsi donc, dans ce cas, le maximum du rapport correspond à des vitesses de 130 tours environ par minute, pour lesquelles le volume extrait est de $1^{m.c.},19$ environ par seconde. Entre 124 et 172 tours par minute, à quoi correspondent des volumes d'air extraits respectivement égaux à $0^{m.c.},958$ et 2 mètres cubes par seconde, ce rapport se maintient supérieur à 0,55 et monte jusqu'à 0,606.

Troisième exemple (1).

Dans la plupart des fonderies de deuxième fusion, où l'on emploie des ventilateurs soufflants, pour envoyer de l'air dans les fourneaux à la Wilkinson, la pression de l'air, en arrière des buses, est mesurée par une colonne d'eau dont la hauteur va souvent jusqu'à 10 et 12 contimètres, et le volume d'air lancé par la machine est de $0^{m.c.},30$ à $0^{m.c.},40$ par seconde, souvent même davantage. Je me propose, dans ce dernier exemple, de déterminer les dimensions d'un ventilateur semblable, et pour cela je commence par chercher les dimensions d'un ventilateur aspirant, capable de déplacer 1 mètre cube d'air par seconde, sous une pression $H = 90^{m}$ en colonne d'air. En admettant que le poids du mètre cube d'air soit de $1^{k},3,90$ mètres d'air équivalent à une colonne d'eau de $0^{m},117$, on a pour ce cas,

$$\sqrt{2gH} = 42^{m},014.$$

(1) Bien que ce dernier exemple ne soit point directement applicable à l'aérage des mines, j'ai cru devoir le joindre aux précédents, pour compléter tout ce qui se rapporte aux ventilateurs à force centrifuge.

et si l'on veut que la hauteur due à la vitesse $wr_1 - u_1$ soit encore $\frac{1}{9}$ de la hauteur totale, on trouve que l'on doit avoir :

$$wr_1 = \frac{5}{3} \times 42,014 = 70^m,025;$$

et

$$u_1 = \frac{4}{3} \times 42,014 = 56^m,02,$$

on a ensuite :

$$A_1 = \frac{1}{u_1} = \frac{1}{56,02} = 0^{m.car.}01785.$$

En prenant le rayon r_1 égal à $0^m,30$, il vient pour la vitesse angulaire $w = 233^m,42$ (2229 tours par minute).

L'équation

$$r_0^6 - \frac{u_1^2}{w^2} r_0^4 + \frac{1}{\pi^2 w^2} = 0,$$

qui donne la valeur de r_0, devient, après la substitution des valeurs numériques de u_1, w, r_0 et π,

$$r_0^6 - 0,05760 r_0^4 + 0,00000186 = 0;$$

la valeur de r_0 qui y satisfait est comprise entre $0^m,24$ et $0^m,235$. J'adopte cette dernière valeur :

$$r_0 = 0,235 \; ; \; L = \frac{r_0}{2} = 0,1175.$$

J'ai ensuite pour déterminer l'angle α :

$$\text{tang.}\alpha = \frac{1}{\pi w r_0^3} \; ; \; \text{d'où C.log.tang.}\alpha = 9,02150,$$

à quoi correspond un angle $\alpha = 6°$.

Pour déterminer ensuite le nombre des ailes et la hauteur des ailes à la circonférence extérieure, j'ai la relation :

$$nL'(r_1 - r_0)\cos.\alpha = 0,01785. \quad \text{or} \quad r_1 - r_0 = 0,065,$$

donc

$$nL' = \frac{0,01785}{0,065 \cos. 6^\circ} = 0,276133,$$

pour $n = 2$, on aurait :

$$L' = 0^m,138066;$$

pour $n = 4$, on a :

$$L' = 0^m,069033.$$

Ces dernières valeurs doivent être adoptées de préférence aux premières. Il est facile de voir que l'augmentation du nombre des ailes diminue la hauteur perdue par le frottement de l'air dans les canaux mobiles, parce qu'il diminue l'étendue des surfaces frottantes.

Supposons un ventilateur aspirant, construit d'après les données précédentes, et dans lequel les ailes seraient fixées aux deux disques qui tourneraient avec elles; l'aire de la section transversale de chaque canal mobile serait égale à

$$\frac{0,01785}{4} = 0^{m.car.},004462;$$

la hauteur de cette section rectangulaire est égale à $0^m,1175$ à l'une de ses extrémités, et à $0^m,069$ à l'autre extrémité; la moyenne arithmétique entre ces deux hauteurs est $0^m,09325$. La seconde dimension de la section transversale sera égale moyennement à $0^m,04788$; le rapport $\frac{p}{a}$ du périmètre à l'aire peut donc être pris égal à

$$\frac{2(0,09325 + 0,04788)}{0,004462} = 63,26;$$

la longueur l est moindre, évidemment, que le quart de la circonférence développée, dont le rayon est de $0^m,30$, ou que $0^m,47124$. Adoptant toutefois ce dernier nombre, il vient :

$$26\frac{p}{a}l=0,1938.$$

Mais, dans un ventilateur soufflant, l'air atmosphérique est aspiré à la fois par les deux ouvertures centrales, ménagées dans les disques fixes, entre lesquels circulent les ailes. Il en résulte que l'aire totale que l'air doit traverser, avant d'arriver à la surface cylindrique de rayon r_0, serait égale à deux fois la surface du cercle de rayon r_0, c'est-à-dire deux fois aussi grande que dans le ventilateur aspirant, installé comme celui des *fig.* 1 et 2, *Pl. X*, si les ouvertures des disques n'étaient pas en partie obstruées par les supports de l'axe de rotation. En supposant que ces supports occupent une place égale au quart de chacun des deux cercles, ou, ensemble, à la moitié de l'un des cercles, l'aire totale par laquelle l'air pénétrera entre les disques, sera encore une fois et demie la surface du cercle de rayon r_0, et par conséquent on pourra, sans que l'air prenne, en traversant les ouvertures centrales, un excès de vitesse, augmenter de moitié la hauteur des ailes, dans le sens parallèle à l'axe, et l'écartement des disques fixes du ventilateur. Cela aura l'avantage de diminuer les frottements, et d'augmenter le volume d'air lancé par la machine, sous une même vitesse angulaire. Ainsi en portant la largeur des ailes, à la circonférence intérieure, à $0,^m18$ au lieu de $0^m,1175$, et la largeur des ailes, à la circonférence extérieure, à $0^m,1057$ au lieu de $0^m,069$, conservant d'ailleurs toutes les autres dimensions, on aura :

$$\frac{p}{a} = \frac{2(0,14285 + 0,04788)}{0,006693} = 56,99 ,$$

$$26 \frac{p}{a} l = 0,1746.$$

L'équation du mouvement relatif de l'air, dans les canaux mobiles, sera, en ayant égard aux frottements :

$$u_1^2 = w^2 r_1^2 - 2g \times 90 - 0,1746 u_1^2 - (w r_0 - u_1 \cos.6^\circ)^2 - 0,1815 u_1^2 \sin.^2 6^\circ,$$

qui, moyennant la substitution des valeurs de r_0, r_1, devient :

$$2,165657 u_1^2 - 2 w u_1 \times 0,2337 = 0,034775 w^2 - 1765,16 ,$$

d'où :

$$w = -6,7203 u_1 + \sqrt{107,4559 u_1^2 + 50759,45} ;$$

à la vitesse relative $u_1 = 56^m,02$, correspond un volume d'air lancé de

$$56,02 \times A_1 = 56,02 \times 0,065 \cos.6^\circ \times 0,1057 \times 4 = 1^{m.cube},531$$ par seconde ;

à cette valeur de u_1 correspond une vitesse angulaire :

$$w = 246^m,4 \text{ (2353 tours par minute) ;}$$

la vitesse absolue avec laquelle l'air abandonne les ailes est alors égale à :

$$\sqrt{w^2 r_1^2 + u_1^2 - 2 u_1 w r_1 \cos.6^\circ} = 19^m,13.$$

La direction de cette vitesse absolue forme, avec la direction de vitesse de la rotation wr_1, à la circonférence extérieure des ailes, un angle dont le sinus est déterminé par la proportion :

$$\sin.x : \sin.6^\circ :: u_1 : 19,13 ,$$

d'où

$$\sin.x = \frac{56,02 \times \sin.6^\circ}{19,13},$$

l'angle x ainsi déterminé est de 17° 50'.

Pour que la vitesse absolue avec laquelle l'air est projeté par les ailes se conserve le mieux possible, il convient que l'enveloppe extérieure du ventilateur, dans laquelle l'air est recueilli, et qui se raccorde avec le porte-vent, coupe la surface cylindrique, décrite par l'extrémité des ailes, suivant un angle égal à celui que nous venons de déterminer, et que la section transversale du porte-vent soit égale au volume d'air total débité, divisé par la vitesse absolue de l'air. En d'autres termes, l'axe du porte-vent, dans le cas actuel, devrait faire, avec la tangente à la circonférence de rayon r_1, un angle de 17° 50', et la section transversale du porte-vent devrait être égale à

$$\frac{1^{m},531}{19,13} = 0^{m.car.},08;$$

l'une des dimensions du porte-vent rectangulaire étant prise égale à la distance intérieure des deux disques, $0^{m},1057$, l'autre dimension serait de

$$\frac{0,08}{0,1057} = 0^{m},1757.$$

Nous n'avons point adopté ces dimensions dans le tracé des *fig.* 1 et 2, *Pl. XI*, parce que le volume d'air de $1^{m.c},52$ par seconde est supérieur à celui que doivent généralement lancer les ventilateurs soufflants, et que d'ailleurs le rapport de l'effet utile au travail transmis à la machine, augmente, ainsi que nous l'avons déjà vérifié, à mesure que les vitesses u_1 et w diminuent jusqu'à un certain terme, en dessous de celles pour lesquelles la machine a été projetée. Ainsi, si l'on veut que la vitesse relative u_1 soit seulement de 30 mètres par seconde, le volume d'air lancé sera de $0^{m.c},82$, et l'on trouve :

$$w = 182{,}41 \text{ (1742 tours par minute)};$$

la vitesse absolue de l'air sortant est alors :

$$\sqrt{w^2 r_1^2 + u_1^2 - 2u_1 w r_1 \cos. 6^\circ} = 25^m{,}09;$$

l'angle compris entre la direction de cette vitesse et celle de la vitesse de rotation, déterminée par l'équation

$$\sin. x = \frac{30 \times \sin. 6^\circ}{25{,}09},$$

est seulement de 7° 11′.

L'une des dimensions du porte-vent étant toujours prise de $0^m,1057$, l'autre dimension serait de :

$$\frac{0{,}82}{0{,}1057 \times 25{,}09} = 0^m{,}31,$$

la force vive de l'air, à la sortie des ailes mobiles, ne peut être considérée comme perdue pour l'effet utile de la machine, puisque cette vitesse se conserve dans le porte-vent. Les causes de déchet du travail moteur consistent donc ici seulement, dans le travail résistant développé par le frottement de l'air sur les ailes, sur les bras qui lient ces ailes à l'axe de rotation, et sur les disques fixes du ventilateur, et dans les pertes de force vive au passage de l'air à travers la surface cylindrique intérieure, et au moment où il commence à être entraîné par les ailes. Pour diminuer autant que possible les frottements, le meilleur moyen paraît être de lier les ailes à l'axe de rotation par un système de 4 bras en fer forgé, placés dans un plan perpendiculaire à l'axe, correspondant au milieu de la largeur des ailes, ou de la distance des disques fixes. La section transversale de chacun de ces bras est celle d'une lentille, couchée dans le plan de rotation, ce qui satisfait à la double condition de diminuer les résistances de l'air, et d'augmenter la résistance à la rupture. Ces 4 bras sont réunis par 4 arcs de cercle en fer plat, cintrés comme les ailes, et celles-ci sont boulonnées sur la convexité de ces arcs, par le milieu de leur largeur. Ces dispositions sont indiquées sur les *fig.* 1 et 2, *Pl. XI*; il paraît aussi convenable de regarder tout l'espace occupé par l'épaisseur des bras, comme perdu pour le passage de l'air, et par conséquent d'augmenter d'autant la hauteur totale des ailes, et la distance intérieure des disques. Enfin, j'ai laissé un jeu d'un centimètre 1/2 entre les bords des ailes et ces disques fixes. Ces disques devraient avoir la forme de cônes tronqués, pour emboîter les ailes dont la largeur, dans le sens parallèle à l'axe, varie de $0^m,18$ à 0,1057; mais il y aurait l'inconvénient de compliquer la construction de l'enveloppe, et en outre de donner à la tête du porte-vent une section rectangulaire de $0^m,1057$ de base sur $0^m,31$ de hauteur, section qui s'éloigne beaucoup d'un carré. Pour éviter cela, je préfère conserver aux ailes en tôle une largeur uniforme, et égale à $0^m,18$, plus l'épaisseur des bras, dans toute leur étendue; je rétrécis les orifices d'écoulement, en boulonnant sur la concavité de ces ailes, et sur leurs bords, des pièces de bois cintrées, dont la largeur va en diminuant de la circonférence au centre. Les disques latéraux conservent ainsi la forme plane, et un écartement total qui est égal à la largeur des ailes, $0^m,18$, augmentée du jeu entre les bords des ailes et les disques, $0^m,03$, et de l'épaisseur des bras en fer auxquels sont fixées les ailes, qui est aussi de $0^m,03$, écartement total $0^m,24$. Pour éviter une variation brusque de vitesse à l'entrée de l'air dans le canal fixe qui enveloppe les ailes, on peut assujettir contre les joues internes des disques, des couronnes en bois, à profil arrondi, qui correspondent aux pièces boulonnées sur la concavité des ailes et donnent ainsi à l'entrée du canal, une largeur égale à celle des orifices d'écoulement des canaux mobiles. La section transversale du porte-vent doit être d'ailleurs égale à

$$\frac{0,82}{25,09} = 0^{m.car.},0327.$$

Sa largeur dans le sens parallèle à l'axe étant de $0^m,24$, si le rétrécissement voisin de l'extrémité des ailes n'existait pas, la seconde dimension du rectangle serait seulement de $0^m,137$. A cause du rétrécissement, il faut augmenter cette seconde dimension qui pourra être fixée à environ $0^m,18$. Ainsi la courbe en forme de spirale qui sert de base à l'enveloppe cylindrique du ventilateur, se détachera de la circonférence décrite par l'extrémité des ailes, sous un angle de $7^\circ\ 11'$, et s'écartera graduellement de cette circonférence, de manière qu'après 4 angles droits, l'écartement soit de $0^m,18$. La section du porte-vent, à son origine, sera ainsi un rectangle de $0^m,18$ sur $0^m,24$, dont une partie sera occupée par l'espèce de bourrelet annulaire correspondant à la partie des ailes rétrécie latéralement. Peut-être ces pièces fixées aux ailes et aux joues internes des disques peuvent-elles être supprimées sans inconvénient pour l'effet utile de la machine ; c'est ce que l'expérience seule pourra décider. Elles sont indiquées en lignes ponctuées, dans la *fig.* 2, *Pl. XI*.

Avec cette construction, il paraît certain que la hauteur perdue par le frottement de l'air contre les ailes et les disques fixes de la machine, sera tout au plus égale à :

$$\frac{0,1746u_1^2}{2g} = \frac{0,1746 \times 900}{19,6176} \ldots\ldots\ldots\ldots = 8^m,01;$$

la hauteur perdue par la contraction à l'entrée de la surface cylindrique de rayon r_0 serait :

$$\frac{0,1815\,u_1^2 \sin.^2 6^\circ}{2g} = \frac{0,1815 \times 900 \times \sin.^2 6^\circ}{19,6176} \ldots\ldots = 0^m,98;$$

la hauteur perdue par le choc sera :

$$\frac{(wr_0 - u_1 \cos.6^\circ)^2}{2g} = \frac{(182,41 \times 0,235 - 30 \cos.6^\circ)^2}{2g} = 8^m,66$$

Hauteur perdue totale. . . . $17^m,65$

C'est seulement le cinquième environ de la hauteur *utile* 90 mètres, et il me semble fort probable que la hauteur absorbée par les résistances dues aux frottements de l'air et à ses variations brusques de vitesse, sera plutôt en dessous qu'en dessus de ce chiffre ; mais il faut ajouter à cela la hauteur perdue par le frottement, dans le parcours de la conduite, ou porte-vent. Celui-ci ayant une section rectangulaire de $0^m,18$ de hauteur sur 0,24 de base, si on lui conserve la même forme jusqu'au bout, la hauteur perdue, par mètre courant, sera, en désignant par V la vitesse avec laquelle l'air y circule :

$$\frac{6}{g} \times \frac{2(0,18+0,24)}{0,18 \times 0,24} V^2 = \frac{0,0032}{9,8088} \times \frac{0,84}{0,0432} \times V^2 = 0,006344V^2;$$

la vitesse de l'air V sera d'environ 19 mètres par seconde, quand le ventilateur lancera $0^m,82$ par seconde ; on aura donc

$$0,006344V^2 = 2,238.$$

Si la longueur du porte-vent est de 10 mètres, la hauteur perdue, dans le parcours, sera de $22^m,38$, c'est-à-dire que la pression de l'air étant mesurée, à la circonférence des ailes, par une hauteur d'air de 90 mètres, cette pression au bout du porte-vent ne sera plus que de $67^m,62$. (Il faut comprendre dans la longueur totale du porte-vent, le développement de la courbe en spirale qui enveloppe le ventilateur, qui est d'environ 5 mètres.)

On voit combien il importe de rapprocher le ventilateur des orifices ou buses par lesquels l'air doit sortir, et si on était obligé de le placer à une grande distance, il faudrait donner au porte-vent de grandes dimensions, pour que l'air y circulât avec une faible vitesse. Dans ce cas la force vive due à la vitesse avec laquelle l'air est lancé par les ailes, à la tête du porte-vent, serait sans doute à peu près entièrement perdue, et cette perte correspondrait à une hauteur égale à

$$\frac{\overline{25}^2}{19,6176} = 31^m,86;$$

il serait donc avantageux d'élargir le porte-vent, sauf à perdre cette dernière hauteur, lorsque la distance aux buses serait d'environ 15 mètres.

Ainsi, dans les trois cas que je viens de discuter, les ventilateurs décrits utiliseront à peu près 60 p. 100 du travail moteur transmis, sauf toutefois le travail absorbé par les frottements des parties solides de la machine les unes contre les autres. La simplicité de construction de ces machines, ainsi que la transmission de mouvement qui leur est applicable, et la faible pression de l'axe sur ses paliers, sont telles qu'il ne peut y avoir, par cette dernière cause, qu'un très-faible déchet, si la machine est d'ailleurs bien installée.

Enfin les trois cas que j'ai discutés embrassent tous les cas possibles, et fournissent des règles générales de construction applicables à toutes les pressions et à tous les volumes d'air, à toutes les valeurs de H et du volume d'air à extraire.

En effet, si un ventilateur aspirant qui débite un volume d'air Q sous une pression d'air mesurée par une hauteur H, est adapté à une capacité contenant de l'air dont la pression soit inférieure à la pression extérieure, d'une quantité mesurée par une hauteur quelconque H′ différente de H, le volume d'air débité par ce ventilateur, sous la pression H′, sera au volume d'air débité sous la pression H, dans le rapport direct des racines carrées des hauteurs H et H′, pourvu que les vitesses angulaires soient entre elles dans le rapport des mêmes racines carrées. En effet, l'équation générale qui donne la vitesse relative u_1, en fonction de la vitesse angulaire w et de la hauteur H, est :

$$u_1^2 = w^2 r_1^2 - 2gH - Ku_1^2 - (wr_0 - u_0 \cos.\alpha)^2 - \left(\frac{1}{\mu^2} - 1\right)v^2,$$

dans laquelle K est un coefficient numérique, qui ne dépend que de la forme et des dimensions du ventilateur, μ un coefficient numérique aussi constant, r_1, r_0 et α des quantités fixes pour un ventilateur déterminé. D'ailleurs les vitesses v et u_0 sont avec la vitesse finale d'écoulement u_1 dans des rapports constants, dépendant des dimensions de la machine, de sorte qu'en définitive l'équation précédente est de la forme.

$$Au_1^2 - Bu_1 w r_0 = -2gH + w^2(r_1^2 - r_0^2), \qquad (M)$$

dans laquelle A, B, $2g$ et $r_1^2 - r_0^2$ sont des nombres constants pour une même machine.

Or si dans l'équation (M) on fait varier à la fois la hauteur H et la vitesse angulaire w, de telle sorte que w^2 varie proportionnellement à h, et w proportionnellement à $\sqrt{H}$, il est clair que la valeur de u_1 fournie par l'équation (M), variera aussi comme la vitesse angulaire w, et comme la racine carrée de H. Or cette vitesse u_1 est proportionnelle au volume d'air que débite la machine. Donc si le ventilateur projeté pour une pression H, et qui débite un volume d'air Q, en recevant une vitesse angulaire w sous cette pression, fonctionne sous une pression différente H', et reçoit une vitesse angulaire égale à

$$w \frac{\sqrt{H'}}{\sqrt{H}},$$

il débitera un volume d'air Q', qui sera égal à

$$Q \frac{\sqrt{H'}}{\sqrt{H}},$$

conformément au principe énoncé. Il est certain, en outre, que la hauteur absorbée par les résistances passives demeurera la même fraction de la hauteur totale dans lesdeux cas; car les différents termes dont la somme compose cette hauteur perdue, sont proportionnels soit au carré de la vitesse u_1, soit au produit wu_1, soit à $\frac{w^3}{Q}$; or toutes ces quantités, u_1^2, wu_1 et $\frac{w^3}{Q}$ demeurent proportionnelles à la hauteur totale H dans les deux cas.

Ainsi donc un ventilateur donné fonctionnera avec le même avantage, sous toutes les pressions, en prenant des vitesses angulaires respectivement proportionnelles aux racines carrées des pressions, et débitant des volumes d'air proportionnels à ces mêmes racines carrées.

Si maintenant on conçoit deux ventilateurs de dimensions différentes, mais de formes semblables, et si l'on place ces ventilateurs sous des pressions égales, je dis que les volumes d'air qu'ils débiteront seront proportionnels aux carrés de leurs dimensions linéaires homologues, pourvu que les vitesses angulaires varient en raison inverse de ces mêmes dimensions. En effet, pour des ventilateurs de formes semblables, les coefficients A et B de l'équation (M) demeurent exactement les mêmes, car ces coefficients sont composés de l'angle α qui ne change pas, de nombres constants, et de fonctions *de degré nul* des dimensions linéaires du ventilateur, fonctions qui par conséquent ne varient pas, quand toutes les dimensions changent dans le même rapport. Si donc H ne change pas de valeur, le second membre de l'équation (M) restera invariable, lorsque r_1 et r_0 viendront à varier ensemble, pourvu que la vitesse angulaire w varie en raison inverse, de telle sorte que les vitesses

wr_1 et wr_0 demeurent les mêmes. Cette équation (M) fournira donc toujours la même valeur pour la vitesse d'écoulement u_1. Or le volume d'air extrait par seconde est le produit de cette vitesse u_1 par la somme des orifices d'écoulement, qui est elle-même proportionnelle aux carrés des dimensions linéaires. Ainsi donc, si les vitesses angulaires de deux ventilateurs semblables, mais de dimensions différentes, varient en raison inverse des dimensions linéaires homologues, les volumes d'air extraits varieront en raison directe des carrés des mêmes dimensions, la pression H demeurant constante.

Il est encore facile de voir que la hauteur perdue par le frottement demeurera constante dans ces deux cas, comme la hauteur totale H.

Supposons maintenant qu'un ventilateur, dont le rayon extérieur est égal à R, placé sous une pression H, débite un volume d'air Q, quand on lui imprime une vitesse angulaire w, en utilisant 60 p. o/o du travail moteur transmis.

On demande de fixer le rayon extérieur d'un ventilateur *semblable* au premier, capable d'extraire un volume d'air donné Q', la pression étant H', en utilisant la même fraction du travail moteur.

Si le ventilateur de rayon R était placé sous la pression H', il débiterait un volume d'air égal à

$$Q\frac{\sqrt{H'}}{\sqrt{H}},$$

en prenant une vitesse angulaire égale à

$$w\frac{\sqrt{H'}}{\sqrt{H}}.$$

Le ventilateur cherché devant débiter un volume d'air Q', sous la pression H', les dimensions linéaires devront être à celles du premier, dans le rapport des racines carrées des volumes

$$Q' \text{ et } Q\frac{\sqrt{H'}}{\sqrt{H}};$$

ainsi on aura, en désignant par R′ son rayon extérieur :

$$R':R::\sqrt{Q'}:\sqrt{Q}\sqrt[4]{\frac{H'}{H}},$$

d'où

$$R'=R\times\frac{\sqrt{Q'}}{\sqrt{Q}}\sqrt[4]{\frac{H}{H'}}.$$

La vitesse angulaire qu'il faudra lui imprimer étant désignée par w', on aura, pour la déterterminer, la proportion :

$$w':w\frac{\sqrt{H'}}{\sqrt{H}}::R:R',$$

d'où

$$w'=w\frac{R}{R'}\frac{\sqrt{H'}}{\sqrt{H}}=w\frac{\sqrt{Q}}{\sqrt{Q'}}\frac{\sqrt[4]{H'}\sqrt{H'}}{\sqrt[4]{H}\sqrt{H}}$$

$$=w\frac{\sqrt{Q}}{\sqrt{Q'}}\sqrt[4]{\frac{H'^3}{H^3}}.$$

Ainsi, les dimensions linéaires homologues sont entre elles, en raison directe, des racines carrées des volumes d'air à extraire, et en raison inverse des racines quatrièmes des pressions.

Les vitesses angulaires sont en raison inverse des racines carrées des volumes, et en raison directe des racines quatrièmes des cubes des pressions.

Ces principes sont applicables non-seulement aux ventilateurs, c'est-à-dire aux machines aspirantes dites à force centrifuge, mais encore à toutes les machines composées de tuyaux dans lesquels circule un fluide, et par conséquent à toutes les roues auxquelles on donne le nom de roues à *réaction* et que l'on pourrait, avec plus de raison, appeler des roues à tuyaux. Ils n'impliquent rien sur la valeur des coefficients numériques du frottement des fluides; ils supposent seulement que ces frottements sont proportionnels à l'étendue du périmètre mouillé, et aux carrés des vitesses du fluide qui circule dans les tuyaux, ce qui est sensiblement exact pour les vitesses un peu grandes.

Pour déplacer de fort grands volumes d'air sous de très-petites pressions, il conviendra, comme on voit, de construire de très-grands ventilateurs, qui tourneront lentement, tandis que pour de petits volumes d'air, sous des pressions grandes, il faudra construire des ventilateurs extrêmement petits, mais qui devront tourner avec une rapidité excessive.

Par exemple, si l'on veut déplacer 25 mètres cubes d'air par seconde, sous une pression H, mesurée par une colonne d'air de 6 mètres de hauteur, on comparera le ventilateur à construire à celui qui déplace 1^{mmm},197 par seconde, sous une pression de 2 mètres, en faisant 132 tours par minute. Le ventilateur serait semblable à ce dernier, dont les dimensions linéaires seraient augmentées dans le rapport de

$$\frac{\sqrt{25}}{\sqrt{1,197}} \times \sqrt[4]{\frac{2}{6}},$$

de sorte que le rayon extérieur du nouveau ventilateur serait égal à

$$0,6 \times \frac{\sqrt{25}}{\sqrt{1,197}} + \frac{1}{\sqrt[4]{3}} = 2^{m},08.$$

Le nombre de tours par minute serait égal à

$$132 \times \frac{\sqrt{1{,}197}}{\sqrt{25}} \sqrt[4]{3^3} = 66.$$

Un appareil semblable suffirait pour produire un courant d'air fort vif, dans une salle dont la section transversale serait de 50 à 60 mètres carrés, puisque la vitesse de ce courant serait d'un demi-mètre environ par seconde.

Si l'on veut au contraire déplacer ou lancer de petits volumes d'air sous des pressions très-fortes, on est conduit par le calcul à donner aux ventilateurs de fort petites dimensions, à les faire tourner avec une rapidité excessive, et l'on tombe sur des conditions à peu près impossibles à réaliser dans la pratique. Aussi le ventilateur ne peut-il pas être appliqué à des cas semblables où les machines aspirantes ou soufflantes à pistons paraissent préférables.

Dans la plupart des applications, on ne connaîtra pas exactement d'avance la pression H, sous laquelle devra fonctionner le ventilateur; mais cela n'aura pas encore une très-grande importance, parce que, d'une part, un ventilateur donné fonctionnera, avec la même économie de force motrice, sous toutes les pressions, si on lui imprime la vitesse angulaire la plus convenable sous chacune d'elles. Le volume d'air extrait dépendra aussi de cette vitesse angulaire; mais d'un autre côté, celle-ci et le volume d'air correspondant peuvent s'écarter considérablement en dessus ou en dessous des valeurs qui conviennent au maximum de l'effet utile, sans que pour cela il y ait un surcroît considérable de travail moteur perdu; il en résulte qu'une évaluation d'ailleurs assez grossière de la pression H suffira dans la pratique, pour régler d'assez bonnes dimensions de l'appareil à construire.

Ainsi, dans les mines d'une étendue très-considérable, on pourra admettre que le volume d'air à extraire par seconde est de 10 mètres cubes au plus, et que la valeur maximum de H est de 90 mètres, ce qui correspond à une colonne d'eau de $0^m,11$ à $0^m,12$. Ces chiffres sont supérieurs à ceux observés dans la mine de l'Espérance.

On construira pour cela un ventilateur semblable à celui des *fig.* 6 et 7, *Pl. IX.* Son rayon extérieur, déterminé conformément aux règles précédemment énoncées, sera égal à

$$0^m,6 \times \frac{\sqrt{10}}{\sqrt{5,085}} \sqrt[4]{\frac{63,83}{90}} = 0^m,77.$$

Sa vitesse angulaire devra être égale à

$$80,182 \sqrt{\frac{5,085}{10}} \sqrt[4]{\frac{\overline{90}^3}{\overline{63,83}^3}} = 73,98\ ,$$

c'est-à-dire que le ventilateur devra faire 706 tours par minute.

En prenant $1^k,25$ pour le poids du mètre cube d'air aspiré par la machine, le travail utile serait par seconde de

$$12,5 \times 90 = 1125^{\text{kilog.}}\ (15\ \text{chevaux-vapeur}).$$

Le travail transmis réellement au ventilateur devrait être au travail utile dans le rapport de 100 à 60, ou 5 à 3 environ; c'est-à-dire que ce travail serait de 25 chevaux vapeur, et il faudrait vraisemblablement une machine à vapeur de la force nominale de 30 chevaux pour réaliser l'effet voulu.

Ceci s'applique, je le répète, aux mines très-étendues, où la ventilation doit être excessivement active, et dont les galeries ne seraient pas très-larges. Pour la mine de l'Espérance, si souvent citée, un aérage moins actif est suffisant.

Pour des mines étendues, comme le sont la plupart des grandes houillères de la Belgique et du département du Nord, un volume de 5 mètres cubes par seconde suffira, et la hauteur H sera tout au plus égale à 40 mètres.

Pour obtenir un semblable résultat, le ventilateur sera encore de forme semblable à celui *Pl. IX*. Son rayon extérieur sera égal à

$$0,6\times 1\times \sqrt[4]{\frac{63,83}{40}};$$

sa vitesse angulaire sera égale à

$$80,182\times 1\times \sqrt[4]{\frac{\overline{40}^3}{\overline{63,83}^3}}=45,51 \text{ (435 tours par minute).}$$

En prenant encore $1^k,25$ pour le poids du mètre cube d'air, le *travail utile* serait par seconde de

$$6,25\times 40=250^k\times{}^m, \text{ (3,33 chevaux-vapeur)};$$

le travail transmis au ventilateur serait

$$\frac{5}{3}\times 3,33=5,55 \text{ chevaux-vapeur},$$

et une machine de la force nominale de 7 à 8 chevaux suffirait certainement pour réaliser l'effet désiré.

Quant aux salles d'hôpitaux, aux sécheries, aux galeries de mines isolées d'une petite étendue, on préférera la forme du ventilateur des *fig*. 1 et 2,

Pl. X, et les dimensions dépendent ici presque uniquement du volume d'air à déplacer, qu'il faudra déterminer dans chaque cas particulier. Le travail-moteur nécessaire pour mettre la machine en mouvement sera aussi facile à calculer, d'après le volume d'air à déplacer, et demeurera toujours fort peu considérable.

Dans les ventilateurs et toutes les machines analogues dépourvues de soupapes, et dans l'intérieur desquelles les fluides sur lesquels on agit circulent avec de grandes vitesses, la cause principale de perte de travail moteur est dans le frottement du fluide contre les parois solides de l'appareil. On pourrait croire, d'après cela, que l'ancien ventilateur à ailes droites, dirigées vers l'axe, serait plus avantageux que les ventilateurs à ailes courbes les mieux construits, parce que les canaux formés par les ailes étant très-larges, les frottements sont moindres; ce serait une erreur; car il est facile de voir que dans le ventilateur aspirant à ailes droites, la force vive absolue de l'air sortant absorbera toujours plus de la moitié du travail moteur transmis à l'appareil. En effet, si H exprime la hauteur qui mesure l'excès de pression de l'air extérieur sur l'air aspiré, il est évident que l'air ne pourra s'écouler à la périphérie du ventilateur, quelle que soit sa construction, qu'autant que la vitesse de l'extrémité des ailes sera plus grande que la vitesse due à la hauteur H. Ainsi, wr_1 étant la vitesse de l'extrémité des ailes, on aura, quand le ventilateur déplacera de l'air,

$$wr_1 > \sqrt{2gH}.$$

Or, dans le ventilateur à ailes droites, la vitesse

absolue de l'air sortant est évidemment la résultante de la vitesse wr_1 de l'extrémité des ailes, et de la vitesse relative avec laquelle l'air coule dans les compartiments formés par les ailes. La direction de cette vitesse relative est ici, suivant les rayons aboutissants à l'axe, perpendiculaire par conséquent à wr_1. La vitesse absolue, résultant de ces deux vitesses rectangulaires, est donc toujours plus grande que l'une des composantes, plus grande *à fortiori* que

$$\sqrt{2gH}.$$

Si Q est le poids de l'air déplacé par le ventilateur dans l'unité des temps, la demi-force vive absolue de l'air sortant sera donc plus grande que

$$\frac{Q}{g} \times gH,$$

ou QH. Comme ce dernier produit est la mesure du travail utile de la machine, il s'ensuit que la seule force vive, due à la vitesse absolue avec laquelle l'air sortant sera projeté par les ailes droites du ventilateur, exigera une dépense de travail moteur égale au travail utile.

Un ventilateur aspirant à ailes droites ne peut donc jamais utiliser les $\frac{50}{100}$ du travail moteur qui lui est transmis, et dans la réalité il utilise une fraction beaucoup moindre de ce travail, soit à cause des frottements de l'air qui ne sont pas nuls, soit surtout à cause du choc des ailes droites contre l'air, à son entrée dans les cellules formées par ces ailes.

§ VI. *Des lampes de sûreté.*

La commission instituée à Liége pour l'essai des lampes de sûreté, a rendu compte des principales expériences qu'elle a faites jusqu'ici, dans deux rapports au ministre des travaux publics, imprimés à la suite du recueil des mémoires couronnés par l'Académie de Bruxelles. Elle a expérimenté sur les lampes de Davy ordinaires, sur la lampe d'Upton et Roberts, et sur celle de M. Eugène Dumesnil, décrite avec détail dans le tome XVI des *Annales des mines*, p. 511 et *Pl. VIII*.

La commission, après avoir constaté que la lampe de Davy est de sûreté, dans un mélange de gaz oléfiant et d'air, pendant un temps indéfini, lorsqu'elle n'est pas frappée par un courant, a pratiqué ensuite à dessein des défauts dans le treillis métallique de cette lampe.

Elle a reconnu que la rupture de trois ou quatre mailles contiguës, ou des trous arrondis de trois à cinq millimètres de diamètre, pratiqués dans le treillis, à six ou huit centimètres au-dessus de la mèche, ou dans la calotte de cuivre dont la toile est surmontée, n'ont pas suffi pour que la combustion se propageât de l'intérieur à l'extérieur de la lampe. Tout ce que les commissaires ont pu remarquer, c'est que la présence de ces défauts amenait une perturbation dans l'allure ordinaire de la lampe. La flamme était moins fixe, et semblait tournoyer dans l'intérieur de la toile métallique. On vit à deux reprises une pointe de flamme sortir par l'un des trous jusqu'à 1/2 centimètre de distance du réseau métallique, et s'éteindre aussitôt, « probablement, dit la commission, parce » qu'elle était étouffée par une forte proportion » d'acide carbonique résultant de la combustion » et lancée au dehors par le trou qui avait livré » passage à ces jets de flamme. »

Tandis qu'une ouverture de 5 millimètres de diamètre, pratiquée vers le haut du cylindre de gaze métallique, ne détruisait pas, dans des circonstances ordinaires, les propriétés préservatrices de la lampe de Davy, il suffisait d'un défaut de moins de deux millimètres d'ouverture, pratiqué à peu près à la hauteur de la mèche, pour que l'explosion eût lieu. Cette explosion était favorisée, lorsque le courant de gaz ou de mélange détonant était dirigé sur la mèche. Les expériences dans des mélanges en proportions variées de gaz oléfiant provenant de la distillation de la houille, et d'air atmosphérique, ont été faites sur des lampes dont la toile présentait 144 mailles par centimètre carré, savoir : épaisseur des fils $\frac{28}{100}$ de millimètre; largeur des trous $\frac{56}{100}$ de millimètre, ce qui fait $\frac{5}{9}$ de plein et $\frac{4}{9}$ de vide. (P. 430 du Recueil des mémoires sur l'aérage.)

La lampe de Davy, essayée dans un mélange d'air et d'hydrogène pur, a laissé passer la flamme, même lorsque le treillis avait 215 mailles au centimètre carré, au lieu de 144.

La lampe d'Upton et Roberts a résisté dans ce dernier mélange.

La même lampe, dépouillée de son cylindre en cristal, et placée dans un mélange détonant d'air et de gaz oléfiant, a déterminé des explosions deux fois de suite. Cela tient à ce que la toile métallique dont elle était munie n'avait que 100 mailles au centimètre carré, au lieu de 144. Les fils étaient d'ailleurs assez minces pour qu'il y eût $\frac{9}{16}$ de vide et $\frac{7}{16}$ de plein seulement.

La lampe Dumesnil résiste dans un mélange d'air et d'hydrogène pur, comme dans un mélange d'air et de gaz oléfiant, lorsque les toiles métalliques qui recouvrent les tuyaux adducteurs de l'air ont environ 400 mailles au centimètre carré ; la même lampe résiste encore, dans le mélange d'air et de gaz oléfiant, quand ces toiles de 400 mailles au centimètre carré sont remplacées par des toiles en fer de 144, et même des toiles en cuivre de 126 mailles au centimètre carré. Dans le mélange d'air et d'hydrogène pur, il y a eu explosion, lorsque les toiles métalliques de 400 ont été remplacées par des toiles en cuivre de 215 mailles seulement au centimètre carré. La commission n'a pas pu s'assurer si, dans ce dernier cas, l'explosion avait eu lieu, par retour de la flamme contre le courant d'air entrant à travers les toiles métallique, ou bien si la combustion s'est communiquée par l'ouverture supérieure de la cheminée.

Les avantages marqués de la lampe Dumesnil sur les autres lampes ont déterminé la commission de Liége à la soumettre à de nouvelles expériences, dans l'usine à gaz de la compagnie Liégeoise, en même temps qu'elle était soumise, dans plusieurs mines, aux épreuves de la pratique. Ces expériences sont l'objet du second rapport de la commission. En voici les résultats.

La lampe a été essayée d'abord, dans les cloches contenant des mélanges explosifs d'air et de gaz oléfiant, ou d'air et d'hydrogène, dans ses dimensions ordinaires, mais privée du chapeau sphérique, qui recouvre la cheminée.

Secondement, elle a été essayée avec une cheminée plus courte, surmontant le plateau supérieur de 15 centimètres seulement au lieu de vingt-trois.

Dans aucun de ces cas, la lampe n'a fait défaut, quand elle était d'ailleurs bien confectionnée. Une seule lampe a laissé passer la flamme au dehors, dans le mélange d'hydrogène et d'air, et la commission s'est assurée que cela provenait de ce que l'ouvrier avait laissé trop de jeu, entre la tige du porte-mèche et les parois du trou qui lui livre passage, dans le plateau inférieur. Ce défaut auquel il a été facile de porter remède, n'a pas altéré d'ailleurs les propriétés préservatrices de la lampe, dans le mélange d'air et de gaz oléfiant.

Sous le rapport de son emploi dans les mines, la lampe Dumesnil répand une clarté comparable à celle de trois lampes de Davy ordinaires, tout en ne consommant pas beaucoup plus d'huile qu'une de celles-ci; elle brûle et éclaire parfaitement, pendant huit et même dix heures, sans autre soin que de remonter la mèche deux ou trois fois, pendant cette durée; la poussière de charbon qui est souvent très-abondante, dans les mines, ne l'empêche point de fonctionner. (P. 440 de l'ouvrage cité.)

Les inconvénients signalés par la commission sont que le poids et le volume de la lampe Dumesnil constituent, sinon un obstacle, du moins une grande difficulté à ce que son usage soit généralement substitué aux lampes de Davy, vu la gêne qu'elle occasionnerait à l'ouvrier, obligé de la transporter fréquemment avec lui, et notamment la presque impossibilité de s'en servir, en montant et descendant par les échelles; d'où la commission conclut, que son emploi ne pourra être que local, tant qu'on ne sera pas parvenu à réduire ses dimensions, ou à introduire dans les mines un système d'éclairage fixe.

La commission a encore essayé deux modèles de lampes qui lui ont été soumis par MM. Lemielle et Mueseler. J'analyserai seulement le passage relatif à la lampe de M. Mueseler, dont une gravure est jointe au rapport de la commission. Elle se compose d'un réservoir d'huile disposé comme celui d'une lampe de Davy ordinaire. Le porte-mèche, la tige servant de mouchette sont aussi disposés de la même manière. L'enveloppe est formée, à sa partie inférieure, et sur les $\frac{2}{5}$ environ de sa hauteur totale, d'un tube en verre, garanti des chocs extérieurs par six tiges verticales, ajustées inférieurement sur une virole, qui se visse sur le contour du réservoir, et supportant à leur partie supérieure un cercle en cuivre. Au-dessus du tube en verre, est un cylindre en gaze métallique, fermé en haut par un chapeau en cuivre rouge, percé de trous. C'est par les ouvertures de ce cylindre et du chapeau que s'échappent les gaz résultant de la combustion. Un disque en toile métallique est posé horizontalement au-dessus du tube en verre, et sépare par conséquent l'espace cylindrique supérieur, circonscrit par la toile métallique, de celui qui renferme la mèche. Un tube cylindrique ou légèrement conique, en tôle mince ou en fer-blanc, traverse dans son milieu le disque horizontal auquel il est rivé par son contour. Ce tube servant de cheminée descend à peu près jusqu'au milieu de la hauteur du cylindre en verre, et il est évasé à son orifice inférieur. Il se prolonge au-dessus du disque jusques à la moitié environ de la hauteur de l'enveloppe métallique. La forme et les dimensions de la lampe Mueseler s'écartent peu de celles de la lampe de Davy.

Elle diffère de la lampe Dumesnil, en ce que l'air nécessaire à la combustion, au lieu d'arriver sur les côtés de la mèche par des tubes adducteurs recouverts de toile métallique, entre par-dessus les bords du cylindre en verre, et descend le long des parois intérieures de ce cylindre, tandis que le courant de gaz chauds résultant de la combustion, s'élève dans l'axe de la lampe, sous la cheminée fixée au disque horizontal en toile métallique.

La lampe Mueseler éclaire à peu près autant que deux lampes de Davy.

Elle est de *sûreté* dans un mélange d'hydrogène et d'air, comme dans un mélange d'hydrogène carboné et d'air. Il est même très-remarquable que, dans le mélange d'hydrogène et d'air, cette lampe n'a pas produit d'explosion, même dans le cas où le cylindre supérieur de gaze métallique a été enlevé; ce qui ne peut s'expliquer, dit le rapport, « que par l'épanchement » d'une partie des produits de la combustion, au- » tour de la partie inférieure de la cheminée, » épanchement qui aurait suffi pour rendre inex- » plosif le mélange d'air et d'hydrogène arrivant » sur la mèche. »

La commission voit un grand perfectionnement dans la disposition qui consiste à faire arriver par le haut, et non par le bas, l'air destiné à alimenter la combustion, parce que, dans le cas où l'air de la mine renfermerait des gaz combustibles, le premier effet de ces gaz étant d'augmenter momentanément l'activité de la combustion et le volume des gaz brûlés, une partie de ceux-ci viendrait se mêler au courant d'air entrant, ce qui non-seulement rend impossible toute déflagration, mais encore contribue à la prompte extinction des parties en ignition.

La commission qui, d'après ces considérations, incline beaucoup à donner la préférence à la lampe

Mueseler sur toutes les autres, conclut, en définitive, qu'il serait à désirer que le gouvernement belge autorisât l'emploi dans les mines des lampes nouvellement inventées par MM. Dumesnil, Lemielle et Mueseler, et considère cette tolérance comme une mesure transitoire, propre à faire décider par la pratique, à laquelle il y a lieu d'accorder définitivement la préférence, et quel est celui de ces appareils dont il conviendra peut-être un jour d'ordonner l'usage exclusif dans les travaux des mines à grisou.

Le fait capital qui ressort des expériences de la commission, et qui a été signalé par elle, consiste en ce que, dans toutes les lampes de sûreté, l'inflammation des gaz se propage du dedans au dehors, en suivant le courant qui alimente la combustion, et non en suivant le courant des gaz brûlés, qui s'échappe à la partie supérieure des lampes, et qui est impropre à l'entretien de la combustion. Aussi les défauts de la lampe de Davy n'altèrent pas ses qualités préservatrices, quand ils sont à la partie supérieure du treillis, mais bien quand ils sont à la hauteur de la mèche.

La lampe Dumesnil est sûre, même dans l'hydrogène pur, lorsque la cheminée a son orifice supérieur entièrement à découvert, et que cette cheminée n'a d'ailleurs que 15 centimètres de hauteur au-dessus de la plate-forme.

Il en est de même de la lampe Mueseler, dépourvue du cylindre supérieur en toile métallique.

C'est du reste cette idée, si bien confirmée par l'expérience, qui a guidé les inventeurs des nouvelles lampes, l'ouvrier mineur Roberts et M. Dumesnil.

Il est bien certain, d'après cela, qu'en ne donnant pas aux tuyaux adducteurs de la lampe Dumesnil une trop grande ouverture, et en conservant à la cheminée une hauteur de 15 centimètres seulement au-dessus de la plate-forme, cette cheminée pourrait, sans inconvénient, demeurer entièrement ouverte, si l'on n'avait point à craindre l'influence d'un courant descendant de gaz inflammable, qui viendrait frapper l'orifice supérieur de la cheminée avec une vitesse suffisante pour entrer dans l'intérieur de la lampe. Encore dans ce cas, serait-il difficile que l'explosion eût lieu, et il me paraît plus probable que la lampe s'éteindrait par le retour des gaz brûlés sur la mèche. Quoi qu'il en soit, on pourra éviter tout danger de ce côté, en conservant sur l'orifice supérieur de la cheminée le chapeau en forme de calotte sphérique renversée, adopté par M. Dumesnil, et l'on ne devra point trop diminuer la section du passage restant ouvert pour l'écoulement des gaz brûlés, parce que cela pourrait nuire à l'activité de la combustion et à la clarté que la lampe répand, sans augmenter en rien le degré de sûreté de l'appareil.

Les inconvénients résultant du trop grand poids et du trop grand volume de la lampe Dumesnil me paraissent, je l'avoue, beaucoup moins graves qu'ils ne l'ont paru à la commission liégeoise. Cette lampe n'a en effet que 40 centimètres de longueur totale, y compris la cheminée. On peut diminuer, sans inconvénient, la hauteur de celle-ci de 8 centimètres (de 23 à 15). Il resterait seulement 32 centimètres de hauteur, et cette dimension n'est pas trop gênante. Rien n'empêche l'ouvrier de pendre la lampe à son cou, au moyen d'une petite corde, pour monter ou descendre les échelles.

On pourrait, probablement encore, réduire les dimensions de cette lampe ; mais il faudra, dans ces essais, tâcher de ne pas diminuer la quantité de lumière qu'elle fournit ; car on substituerait alors un inconvénient plus fâcheux à celui qu'on aurait fait disparaître.

Une chose qui gêne beaucoup, dans l'emploi des lampes de sûreté, c'est qu'aucune d'elles ne peut éclairer le toit des excavations. C'est une cause très-grave de dangers, dans les excavations élevées de la plupart de nos mines de houille du centre et du midi de la France. Peut-être serait-il possible d'éclairer en dessus avec la lampe Dumesnil, en substituant au disque métallique qui est superposé au cylindre en cristal, et porte la cheminée, un disque également en cristal, percé d'une ouverture centrale pour le passage de la cheminée.

Le degré plus grand de lumière que répand la lampe Dumesnil la rend, selon moi, préférable à celle de M. Mueseler, où la combustion est nécessairement moins parfaite, parce que le courant d'air qui vient l'alimenter est contrarié par le courant des gaz brûlés, qui circule en sens contraire. Je craindrais donc que celle-ci ne brûlât fort mal, ou ne vînt à s'éteindre tout à fait, dans le cas où l'atmosphère de la mine ne serait pas tout à fait pure, quoique encore éloignée du point où elle serait explosive.

En définitive, il est évident pour moi, comme pour la commission de Belgique, que la nouvelle lampe Dumesnil a des avantages signalés sur la lampe de Davy ordinaire ; je pense donc qu'il convient que l'administration des mines de France, non-seulement en autorise l'emploi dans les mines, mais même le favorise, soit en chargeant MM. les ingénieurs des départements où il existe des mines de houille de la faire connaître et de la recommander aux exploitants de leur ressort, soit en faisant confectionner un certain nombre de ces lampes, comme modèles, pour les distribuer aux exploitants de mines de houille et aux ingénieurs des mines.

Je crois devoir répéter, en terminant ce mémoire, qu'un excellent aérage de la mine demeurera toujours indispensable, et sera la première condition de sécurité des ouvriers, quel que soit d'ailleurs l'appareil d'éclairage employé. Comme tous ces appareils sont sujets à des ruptures accidentelles, on ne peut les regarder que comme un palliatif du danger, et non comme un préservatif réel. L'état de l'air d'une mine doit donc être tel, que l'on pût généralement travailler, dans toutes ses parties, avec des lampes découvertes. On emploiera cependant les lampes de sûreté, qui seront utiles dans les cas où l'aérage viendrait à être momentanément interrompu par un accident, où une irruption subite de gaz inflammable vicierait l'air, etc. La combinaison des deux moyens offrira alors une sûreté presque parfaite, parce qu'il sera fort peu probable que la détérioration d'une lampe coïncide avec un dérangement accidentel et momentané de l'aérage.

Lorsqu'il arrivera des explosions dans les mines, l'ingénieur chargé de dresser le procès-verbal de l'accident devra principalement s'attacher à découvrir la cause qui a rendu l'air explosif; s'assurer si elle est accidentelle, imprévue, ou si elle réside dans l'insuffisance habituelle de l'aérage, et des dispositions qui s'y rapportent. Dans ce dernier cas, je n'hésite pas à dire que les exploitants ou les directeurs d'exploitation seraient gravement coupables, quand bien même tous les ouvriers auraient été pourvus de lampes de sûreté.

L'état des appareils d'éclairage avant l'explosion, la recherche de la cause directe de l'inflammation, viennent en seconde ligne. Il a pu arriver quelquefois que ce deuxième point de vue, qui n'est que secondaire, ait fait perdre de vue le premier. Dans ce cas, le procès-verbal d'un accident ne fournirait aucune lumière sur les moyens à prendre pour en prévenir le retour.

P. S. Je viens d'avoir connaissance d'un rapport adressé par M. l'ingénieur en chef Lorieux, à M. le sous-secrétaire d'état des travaux publics, qui lui avait adressé six lampes Dumesnil, pour en faire l'essai dans les mines de houille du département du Nord. Des expériences préalables faites dans le laboratoire de la ville de Valenciennes, par M. Lorieux et M. Evrard, professeur de physique, ont constaté, comme à Saint-Étienne et à Liége, que la lampe était *de sûreté* dans toutes les circonstances, dans un mélange, en proportions quelconques, d'air atmosphérique et de gaz de l'éclairage. De l'eau projetée avec une pipette, sur le cylindre de cristal, tandis que l'intérieur était plein de gaz enflammé, n'a point déterminé la rupture. Dans un seul cas, lorsque la flamme était accidentellement dirigée sur un point de la paroi intérieure, la projection d'eau froide sur le point correspondant de la paroi extérieure a déterminé une petite fissure, dans le cristal, qui n'a point éclaté, bien que l'on ait continué, pendant quelques instants, à diriger la flamme sur la partie fendue.

La lampe a ensuite été essayée dans la fosse de la Réussite, à Saint-Waast, par M. Lorieux et MM. Dumont et Quinet, directeurs des houillères d'Anzin. Leur rapport constate : 1° que les dimensions de cette lampe sont gênantes; qu'il est difficile de traverser, en la portant, les ouvertures ménagées dans les planchers, qui divisent en plusieurs étages les puits ou goyaux de descente;

2° Que sa hauteur totale, qui est de $0^m,60$, y compris le crochet de suspension, ne permet pas de s'en servir dans les couches minces, dont la hauteur est quelquefois moindre;

3° Qu'on ne pourrait pas la mettre entre les mains des *hercheurs* (traîneurs, ou rouleurs), parce qu'en l'attachant à leur chariot, il arriverait souvent qu'elle serait écrasée contre les parois de la galerie;

4° Que la lampe s'est éteinte plusieurs fois, dans le parcours des galeries, bien qu'on la portât avec précaution, parce l'huile arrivait du réservoir en trop grande abondance et submergeait la mèche;

5° La lampe portée dans un mélange explosif a fumé, le cristal s'est noirci, et la lampe a donné alors beaucoup moins de lumière que les petites lampes de Davy;

6° Les tuyaux adducteurs de l'air sont mal placés, et seraient bouchés, quand on viendrait à poser la lampe par terre, ce qui arrive souvent;

7° Les moyens de fermeture adoptés sont insuffisants, pour empêcher l'ouvrier d'ouvrir sa lampe.

Les conclusions du rapport sont en conséquence défavorables à la nouvelle lampe.

Les objections tirées des dimensions de la lampe, qui rendent son transport difficile dans le parcours des échelles, et son emploi impossible dans les couches minces, sont fondées pour les mines d'Anzin, mais ne s'appliquent pas aux mines en couches épaisses du centre et du midi de la France. Le crochet de suspension peut d'ailleurs être changé; la cheminée même peut être raccourcie, ainsi que le démontrent les expériences de la commission de Liége. La disposition des tuyaux adducteurs de l'air peut être facilement modifiée. Il suffit de les couder, en dessous de la plate-forme inférieure de la lampe, ainsi que l'a déjà indiqué cette commission, dans son premier rapport (p. 437 du Recueil des mémoires publiés par l'académie de Bruxelles). Le mode de fermeture peut aussi être rendu plus sûr.

Les seuls inconvénients vraiment graves et généraux, signalés par MM. Lorieux, Dumont et Quinet, sont la submersion de la mèche par l'affluence trop rapide de l'huile, et le fait que la fumée de la lampe, placée dans un mélange explosif, a noirci le cristal.

M. Lorieux a dit qu'on pourrait prévenir l'extinction de la lampe, dans un transport rapide, en modifiant, rétrécissant probablement le conduit qui amène l'huile à la mèche. Je partage cette opinion. Je crois aussi que la fumée qui a obscurci le cristal, lorsque la lampe a été mise dans un mélange explosif, est due à ce que la toile métallique qui recouvre les tuyaux adducteurs de l'air était mouillée d'huile, qui a retenu des poussières fines répandues dans l'air de la mine; cela me paraît d'autant plus vraisemblable que rien de pareil n'a été observé ou signalé dans les expériences faites à Saint-Étienne et à Liége.

Je n'estime donc pas que les essais faits à Anzin soient de nature à prouver que la lampe de M. Dumesnil est mauvaise au fond; je persiste à croire qu'elle aura des avantages marqués sur la lampe ordinaire de Davy, sous le rapport de la sûreté et de la quantité de lumière qu'elle fournit; mais il est indispensable pour cela que tous les détails de construction soient encore soigneusement étudiés, soit par l'auteur de l'invention, soit par un fabricant de lampes établi dans le voisinage d'un grand bassin houiller, pour qu'il sache bien apprécier les conditions particulières auxquelles l'appareil doit satisfaire.

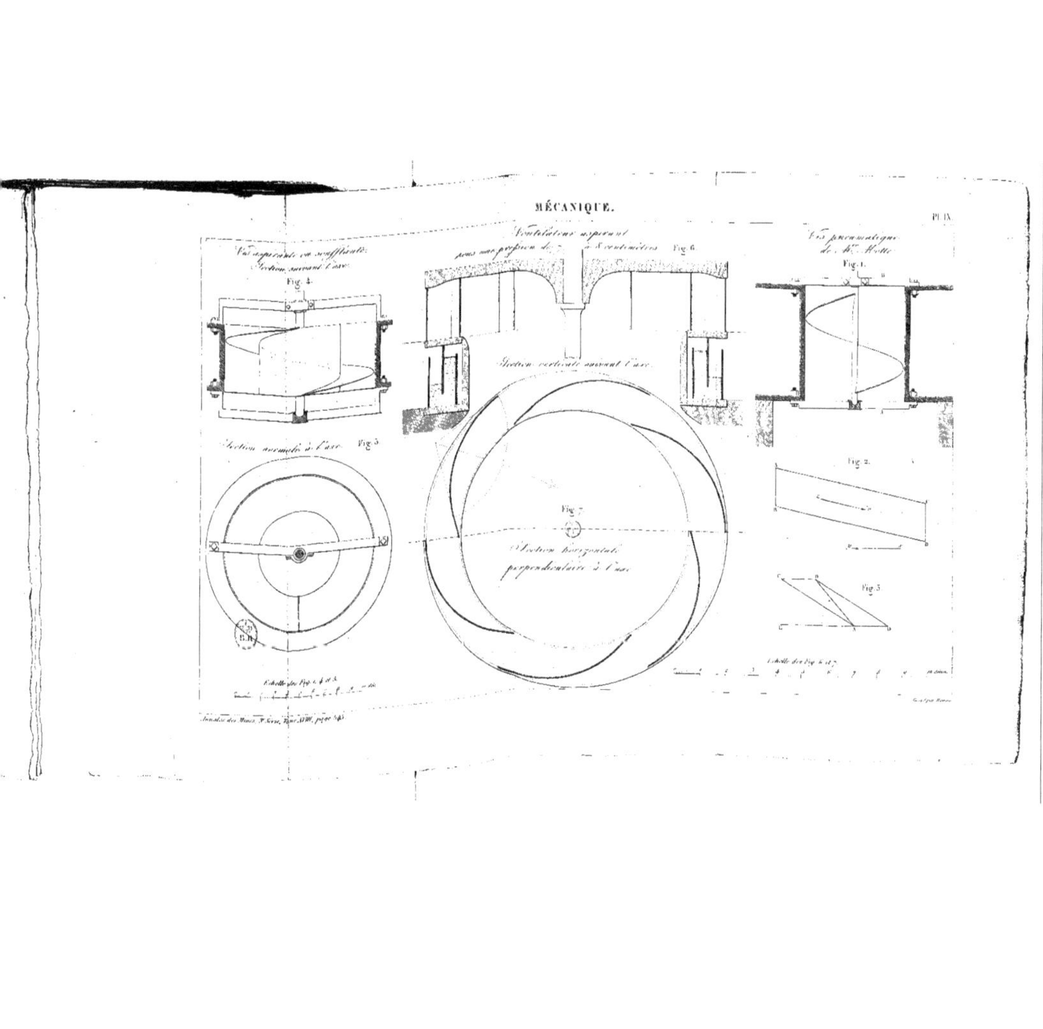
Vis aspirante ou soufflante.
Section suivant l'axe.
Fig. 4.
Section normale à l'axe. Fig. 5.
Ventilateur aspirant
pour une pression de 7 à 8 centimètres Fig. 6.
Section verticale suivant l'axe.
Fig. 7.
Section horizontale
perpendiculaire à l'axe
Vis pneumatique
de Mr. Motte
Fig. 1.
Fig. 2.
Fig. 3.
Echelle des Fig. 4 et 5.
Echelle des Fig. 6 et 7.

MÉCANIQUE.
Pl. X.
Ventilateur aspirant pour de faibles pressions.
Fig. 1
Section perpendiculaire à l'axe.
Fig. 2
Section suivant l'axe.
7
10 décimètres.

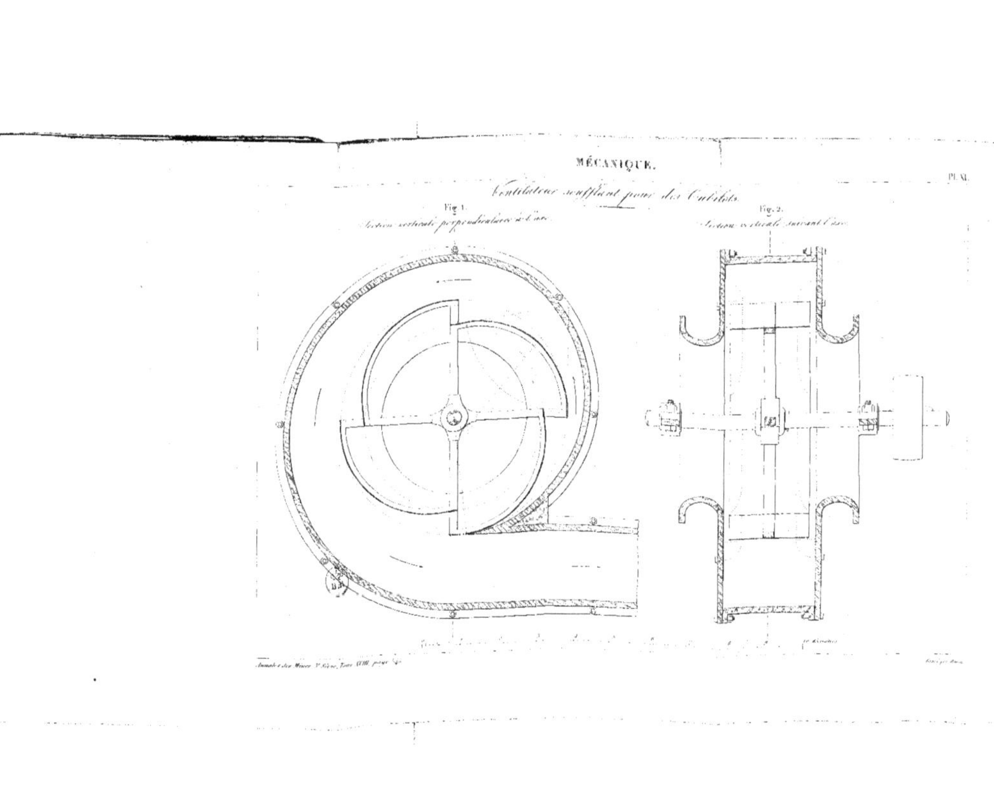
MÉCANIQUE.
Pl. XI.
Ventilateur soufflant pour des Cubilots.
Fig. 1.
Section verticale perpendiculaire à l'axe.
Fig. 2.
Section verticale suivant l'axe.

On trouve chez les mêmes Libraires :

ANNALES DES MINES, ou Recueil de mémoires sur l'exploitation des mines et sur les sciences qui s'y rapportent, rédigées sous la direction d'une commission spéciale, composée de : MM. Cordier, de Bonnard, Migneron, Héricart de Thury, Berthier, Garnier, Guenyveau et Cheron, inspecteurs généraux des mines ; MM. Thirria, Dufrénoy, Élie de Beaumont et Combes, ingénieurs en chef des mines ; M. de Gheppe, chef de division des mines ; MM. Leplay et de Boureuille, ingénieurs des mines. *Troisième série*, commencée en 1832.

Depuis 1832 les *Annales des mines* paraissent régulièrement tous les deux mois par livraison ; les six livraisons de l'année forment ensemble deux forts volumes in-8, de 80 feuilles environ avec 25 planches.

— Prix de l'abonnement annuel, et de chaque année écoulée, que l'on peut se procurer séparément. Pour Paris. 20 fr.
— les départements. 24 fr.
— l'étranger. 28 fr.

ATLAS DU MINEUR ET DU MÉTALLURGISTE, Recueil de dessins lithographiés relatifs à l'exploitation des mines et aux opérations métallurgiques, exécutés par MM. les élèves de l'École royale des mines, sous la direction du conseil de l'École. *Première, deuxième et troisième années*, suite de planches avec texte explicatif formant 12 livraisons grand in-folio, Paris, 1837, 1838 et 1839. 54 fr.

DUSOUICH, *ingénieur des mines*. Essai sur les **RECHERCHES DE HOUILLE** dans le nord de la France ; brochure in-8, 1839. 3 fr. 50 c.

GUENYVEAU, *ingénieur en chef, professeur à l'École des mines*. De l'état de la **FABRICATION DU FER** et de **L'AVENIR DES FORGES** en France et sur le continent de l'Europe, suivi de la description des feux d'affinerie perfectionnés, vol. in-8, avec planches. 1838. 4 fr.

HACHETTE, *membre de l'Institut et ancien professeur à l'école Polytechnique*. **TRAITÉ** élémentaire **DES MACHINES**, 1 vol. in-4, avec 35 grandes planches, 4e édition, revue et augmentée, 1828. 25 fr.

HÉRON DE VILLEFOSSE, *de l'Institut, inspecteur général des mines* **DE LA RICHESSE MINÉRALE**, recueil de faits géognostiques et de faits industriels, offrant un cours complet de l'art des mines et usines, au moyen d'exemples tirés de célèbres établissements, et rendus sensibles à l'œil par la représentation géométrique des objets ; *nouveau tirage*, accompagné d'un *nouveau texte* explicatif, rédigé par ordre du conseiller d'état directeur général des ponts et chaussées et des mines ; par H. Le Cocq, ingénieur des mines. Atlas in-folio de 65 planches, très-bien gravées par Leblanc, dont plusieurs coloriées, et 1 vol. in-8 de texte. Paris, 1838. 50 fr.

JUNCKER, *ingénieur en chef des mines*. Mémoire sur les machines à colonnes d'eau de la mine d'Huelgoat, concession de Poullaouen (Finistère), 1 vol. in-8 avec 4 grandes planches, 1835. 5 fr.

LAMPADIUS, *professeur de l'Académie des mines de Freyberg*, etc. **MANUEL DE MÉTALLURGIE GÉNÉRALE**, suivi d'additions extraites du supplément audit ouvrage publié par l'auteur, traduit de l'allemand, revu, considérablement augmenté et mis au niveau des connaissances actuelles, par G.-A. Arrault, ingénieur des mines, ancien élève de l'École royale des mines de Paris. 2 volumes in-8 avec planches, 1840. 12 fr. 50.

PARIS. — IMPRIMERIE DE FAIN ET THUNOT, RUE RACINE, 28.

www.ingramcontent.com/pod-product-compliance
Ingram Content Group UK Ltd.
Pitfield, Milton Keynes, MK11 3LW, UK
UKHW020315250726
13967UKWH00004B/1743